分类属性数据深度无监督学习理论及决策应用

武 森　高晓楠　单志广　著

U0232415

科 学 出 版 社

北 京

内 容 简 介

本书针对分类属性数据无监督数据挖掘任务中的三个关键问题——特征学习、分析过程和结果评价，阐述分类属性数据深度无监督学习理论及决策应用。全书共 7 章，第 1 章概述数据驱动决策支持的技术基础、有监督学习和无监督学习两类数据挖掘方法及分类属性数据无监督学习问题；第 2 章介绍分类属性数据的无监督特征学习、聚类分析和聚类结果评价等相关理论与方法；第 3 章系统阐述深度无监督特征学习、深度聚类和网络嵌入方法；第 4～6 章针对分类属性数据提供了包含深度无监督特征学习、深度聚类和聚类内部有效性评价的一整套深度无监督学习解决方案；第 7 章以人才招聘为实际问题背景，演绎了分类属性数据深度无监督学习方法在决策支持中的应用。

本书适用于数据科学与管理决策、大数据管理与应用、数据挖掘领域的研究人员，也可以作为相关专业博士研究生、硕士研究生和本科生的参考书。

图书在版编目（CIP）数据

分类属性数据深度无监督学习理论及决策应用 / 武森，高晓楠，单志广著. —北京：科学出版社，2024.11
　　ISBN 978-7-03-077759-1

　　Ⅰ. ①分…　Ⅱ. ①武…　②高…　③单…　Ⅲ. ①数据处理　Ⅳ. ①TP274
中国国家版本馆 CIP 数据核字（2023）第 252621 号

责任编辑：王喜军　高慧元 / 责任校对：郝璐璐
责任印制：赵　博 / 封面设计：无极书装

科学出版社 出版
北京东黄城根北街 16 号
邮政编码：100717
http://www.sciencep.com
北京华宇信诺印刷有限公司印刷
科学出版社发行　各地新华书店经销
*
2024 年 11 月第　一　版　开本：720 × 1000　1/16
2024 年 11 月第一次印刷　印张：13 1/4
字数：267 000
定价：120.00 元
（如有印装质量问题，我社负责调换）

前　言

人类实践中产生的数据常见未标记的情况，即不包含解释数据特征的标签。不借助其他外部信息实现对未标记数据的有效分析，是实际管理决策过程中需要解决的关键问题。无监督数据挖掘是处理这种广泛存在的未标记数据的重要方法。近年来，无监督数据挖掘方法在模式识别、客户细分、异常检测及热点话题发现等领域都取得了成功应用，为金融、互联网和医疗等相关行业的管理决策过程提供了重要支持。

分类属性数据是无监督数据挖掘任务中面临的主要数据类型之一，具有属性取值为枚举型、不可微且无法进行代数运算的特点。从具有分类属性特征的数据中发现潜在有用的知识模式，能够支持不同领域管理者作出科学的决策，是实际管理决策过程的重要分析需求。

传统的分类属性数据无监督数据挖掘方法存在无法深入探究不同分类属性取值现实含义及其相关关系的缺陷。在原始特征空间中，分类属性取值仅能表达一致性关系，即两个取值是否相等，而无法反映具有不同现实含义的取值间关系，无法将存在于人类智慧中的现实含义传递到后续分析过程中。这就导致传统基于原始特征空间的分类属性数据无监督挖掘方法无法挖掘出数据集中隐含的有用信息，进而影响后续分析过程的准确性。

深度学习理论是模式识别和机器学习领域近几年受到广泛关注的方法，是利用简单特征表示复杂对象的有效工具。在语音、图像、视频和文字等非结构化数据和结构化的数值属性数据无监督挖掘任务中，深度学习获得了比传统方法更好的学习性能，为解决分类属性数据无监督数据挖掘难点提供了新思路。

本书针对无监督数据挖掘中的重要数据类型——分类属性数据，借鉴深度学习在非结构化数据和结构化的数值属性数据挖掘中的成功应用经验，面向分类属性数据无监督数据挖掘任务中的三个关键问题——特征学习、分析过程和结果评价，阐述分类属性数据深度无监督挖掘理论及决策应用，包括分类属性数据深度无监督特征学习算法、分类属性数据深度聚类算法和分类属性数据聚类内部有效性评价指标，能够有效解决传统方法存在的无法深入挖掘不同分类属性取值现实含义及其相关关系的缺陷，为分类属性数据无监督挖掘研究提供新的解决方案。

博士研究生何慧霞参与了本书第 2 章和第 3 章的资料整理，在此表示感谢！在本书的撰写过程中，作者参阅了大量的国内外文献，在此向文献的作者表示感谢！

由于作者水平有限，书中疏漏之处在所难免，恳请读者批评指正。

作　者

2024 年 1 月

目　　录

第1章　决策支持与无监督学习

本章系统介绍数据驱动决策支持的技术基础——数据库知识发现与数据挖掘、有监督学习和无监督学习两类数据挖掘方法、分类属性无监督数据挖掘难点及解决思路。

1.1　数据驱动的决策支持

数据库知识发现和数据挖掘有着密切的联系，本节首先介绍数据库知识发现的产生、发展及以数据挖掘为核心环节的处理过程，接着讨论数据挖掘的主要任务、数据驱动的决策支持过程及决策支持中的数据特征。

1.1.1　数据库知识发现与数据挖掘

1989 年 8 月，数据库知识发现（knowledge discovery in database，KDD）第一次出现在美国底特律召开的第十一届国际人工智能联合会议的专题讨论会上。1991 年、1993 年和 1994 年又分别举行过数据库知识发现专题讨论会。由于参加会议的人数逐渐增多，所以从 1995 年开始，每年都要举办一次数据库知识发现国际会议。随着研究的不断深入，人们对数据库知识发现的理解越来越全面，对数据库知识发现的定义也不断修改，下面是对数据库知识发现比较公认的一个定义：数据库知识发现是从数据集中识别出可信、有效、新颖、潜在有用，以及最终可理解模式的高级处理过程。

作为一门交叉性学科，数据库知识发现受到来自各种不同研究领域学者的关注，所以有很多不同的名称。其中，最常用的术语是数据库知识发现和数据挖掘（data mining，DM）[1]。相对来讲，数据挖掘主要流行于统计学、数据分析、数据库和管理信息系统界；而数据库知识发现则主要流行于人工智能和机器学习界。随着数据库知识发现的迅速发展和逐渐被各界所了解，较为普遍的观点认为：数据挖掘是数据库知识发现中专门负责发现知识的核心环节；而数据库知识发现是一个交互式、循环反复的整体过程，除了包括数据挖掘外，还包括数据准备和发现结果的解释评估等环节。

1.1.2　数据挖掘的主要任务

作为数据库知识发现的核心部分，数据挖掘的任务可以分为：聚类知识发现、分类知识发现、关联规则发现、数据总结、序列模式发现、依赖关系或依赖模型发现、异常发现和趋势预测等。

聚类是一种基本的人类行为，在悠久的人类发展史中发挥着重要且不可替代的作用，其将数据对象分成若干个类或簇（cluster），使得同一类中的对象具有较高的相似度，而不同类中的对象差异度较大，进而识别隐藏在数据中的内在结构，应用非常广泛，既可作为独立的方法来分析数据的分布情况，也可作为其他分析方法的数据预处理工具。聚的依据是"物以类聚"，即按个体或数据对象间的相似性，将研究对象划分为若干类。在数据挖掘之前，数据类划分的数量与类型均是未知的，因此在数据挖掘后需要对数据挖掘结果进行合理的分析与解释。

分类知识发现是根据样本数据寻求相应的分类规则，然后根据获得的分类规则确定某一非样本个体或对象是否属于某一特定的组或类。在这种分类知识发现中，样本个体或对象的类标记是已知的。数据挖掘的任务在于从样本数据的属性中发现个体或对象分类的一般规则，从而根据该规则对非样本数据对象进行分类应用。

关联规则发现是在数据库中寻找数据对象间的关联模式，例如，在购买个人计算机的顾客中，90%也购买了打印机就是一种关联模式。关联规则发现主要用于零售业交易数据分析，以进行物品更合理地摆放，最终提高销售量，该方法此时也直接称为货篮分析。

数据总结是将数据库中的大量相关数据从较低概念层次抽象到较高概念层次的过程。计数、求和、求平均值、求最大值和最小值等计算都是数据总结的具体化。数据库中的数据所包含的信息往往是最原始、最基本的信息，而有时人们需要从较高的层次上浏览数据，这就要求从不同的层次上对数据进行总结以满足分析需要。

序列模式发现是在数据库中寻找基于一段时间区间的关联模式，例如，在某一时间购买个人计算机的所有顾客中，60%会在三个月内购买应用软件就是一种序列模式。序列模式同关联模式非常相似，区别在于序列模式表述基于时间的关系，而不是关于数据对象间的关系，在有些文献中也将其称为基于时间的关联规则发现。

依赖关系或依赖模型发现是通过对数据库中数据的分析，获取数据间的某种因果联系。这种因果联系既可能是内在的某种概率分布关系的描述，也可能是数据对象间存在的确定的函数关系。

异常发现用于在数据库中发现数据中存在的偏差或异常。例如，下列几种偏差或异常就应引起人们的关注：不符合任何一个标准类的异常，有时可能意味着严重的错误或欺诈；相邻时间段内信息的异常变动，如二月份与一月份相比销售收入的骤然升高。

趋势预测是根据数据库中的历史信息对未来信息作出估计。实际上，预测这一数据挖掘任务并不一定是独立的。一般来讲，上述几种数据挖掘任务的结果，皆可以在分析后用于趋势预测。

1.1.3 数据驱动的决策支持过程

数据挖掘是支持管理决策过程最重要的方法之一。从管理决策过程面临的海量分析数据中，自动化地识别出潜在有用的知识模式，支持管理者作出科学的决策[2]。

行为决策理论是由西蒙提出的具有代表性的决策理论，该理论认为决策过程包括四个阶段：搜集情报、设计备选方案、选择方案、执行方案并评价[3]。如图 1-1 左侧部分所示，管理者在最后一个阶段"执行方案并评价"作出了决策，前三个阶段属于决策的支持过程。

跨行业数据挖掘标准流程（cross industry standard process-data mining，CRISP-DM）[4]是基于数据的决策支持过程规范化方法论，得到了工业界和学术界的广泛认可。CRISP-DM 涉及从理解业务需求、寻求解决方案到接受实践检验的完整过程，具体包括六个环节：业务理解、数据理解、数据准备、模型建立、模型评价和模型发布，如图 1-1 中间部分所示。其中，数据准备、模型建立和模型评价构成 CRISP-DM 流程的核心挖掘环节。

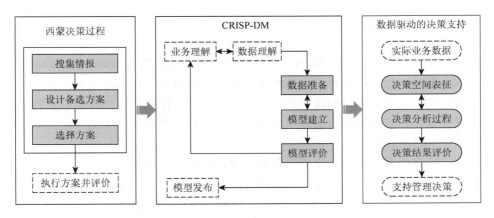

图 1-1 西蒙决策过程、CRISP-DM、数据驱动的决策支持间的对应关系

数据驱动的决策支持是当前最主要的决策支持类型。依据 CRISP-DM 规范化方法论的核心挖掘环节，可以抽象出数据驱动的决策支持中三个关键阶段，分别为决策空间表征、决策分析过程以及决策结果评价，如图 1-1 右侧部分所示。这三个主要决策支持阶段的任务如下。

（1）决策空间表征作为决策支持过程的首要步骤，对应于 CRISP-DM 中的"数据准备"，旨在将决策过程面临的分析数据从原始特征空间中映射到决策空间，取得数据的决策空间表征，该表征不仅需要包含原始特征空间中全部有用信息，还要求具备决策任务导向性，能够提升后续决策分析结果的准确性。

（2）决策分析过程作为决策支持过程的关键环节，对应于 CRISP-DM 中的"模型建立"，基于分析数据的决策空间表征，选择或开发合适的数据挖掘方法，从中发现潜在有用的知识模式，以作为辅助支持管理决策过程的备选方案。

（3）决策结果评价作为决策支持过程的重要程序，对应于 CRISP-DM 中的"模型评价"，对决策分析结果的有效性进行定量评价，以从所有备选方案中选择出最优方案，确保能够依据正确科学的分析结果为管理决策过程提供支持。

1.1.4　决策支持中的数据特征

实际决策支持过程会面临大量形式多样的分析数据，从这些数据中挖掘潜在知识以辅助支持管理决策过程，是数据驱动的决策支持的重要手段。明确数据特征是进行数据挖掘以支持决策过程的首要步骤。

决策支持中的数据特征可以从结构化、非结构化和半结构化角度分类，其中结构化数据可由不同类型的属性描述。下面将分别介绍数据的结构化特征和属性类型。

1. 结构化特征

1）结构化数据

结构化数据（structured data）[5]通常存在于关系型数据库（relational database）中，顾名思义，是一种具有规范组织和整齐格式的数据，由固定的属性描述，经常以表格的形式出现。结构化数据的这种规范形式，使数据工作者可以更容易地对其进行操作，这也导致目前许多成熟的数据挖掘工具主要用于结构化数据，如WEKA[6]、KNIME[7]等。

实际场景中常见的结构化数据包括学生成绩数据（描述属性：姓名、学号、课程、成绩等）、贷款申请数据（描述属性：申请人姓名、年龄、地区、年收入、申请金额、房产情况等）、人才招聘数据（描述属性：姓名、地区、学历、专业、相关工作经验等）以及医疗检查数据（描述属性：患者姓名、检查项目名称、检查结果、参考值等）等。

2）非结构化数据

非结构化数据（unstructured data）[8]没有固定的组织形式，无法存储在关系型数据库中。现代企业特别是互联网企业每天都会产生并保存大量的非结构化数据，包括图像、文字、声音、视频等。如何有效存储、挖掘并分析这类数据成为决策支持过程需要解决的重要问题。近年来，深度学习方法在非结构化数据挖掘中展现出了令人瞩目的效果[9]。

实际场景中常见的非结构化数据包括卫星图像数据（图像）、商品评论数据（文字）、聊天语音数据（声音）、网络短视频数据（视频）等。

3）半结构化数据

半结构化数据（semi-structured data）[10]的组织形式介于结构化数据和非结构化数据之间，需要符合一定的格式规范，但并不像结构化数据那样可以由二维表直接表示。半结构化数据的处理过程要简单于非结构化数据，可以提前明确不同位置数据所描述的内容，但仍复杂于结构化数据，数据结构尚未规整到可以直接处理，且数据表现形式包含文字、图像等。

实际场景中常见的半结构化数据包括简历数据（结构包括教育经历、工作经历、获奖经历等，表现形式包括文字、图像等）、超文本标记语言 HTML 文档（结构包括 id 属性、title 属性、class 属性等，表现形式包括文字、图像等）等。

近些年快速发展起来的深度学习方法在非结构化数据挖掘中取得了非常优异的效果，然而其在结构化数据挖掘中的应用效果还有待进一步探索。下面介绍描述结构化数据的不同属性类型。

2. 属性类型

按照描述结构化数据的属性类型，可以将其划分为：数值属性（numeric attribute）数据、分类属性（categorical attribute）数据和混合属性数据。其中，混合属性数据由多种类型属性描述，常见的混合属性数据包含数值和分类两种类型属性。表 1-1 概括了分类和数值两种基本类型属性的特点。

表 1-1　描述结构化数据的不同属性类型

属性类型		类型描述	可进行操作	示例
分类属性（定性）	标称（norminal）属性	采用枚举类型标称不同对象的相关信息，采用文本、数字或字母表示	求熵、求众数、卡方检验等	颜色、邮编、性别
	序数（ordinal）属性	可提供不同数据对象的排序信息	中位数、百分位数、等级相关、符号检验等	成绩排名
数值属性（定量）	区间（interval）属性	可有效表示不同取值之间的差异或某种测量值	均值、标准差、t 检验、F 检验等	年龄、身高
	比率（ratio）属性	可有效表示数值之间的差异或比率	几何平均、百分比等	年利率、收益率

1）分类属性数据

分类属性数据[11]是一种表达定性关系的数据，其属性类型可以分为标称属性和序数属性。标称属性通过枚举的形式描述不同的取值，例如颜色、邮编、性别等，这类属性的不同取值之间没有顺序关系，只能进行求众数、求熵等操作，无法比较大小，也无法进行代数运算。序数属性的不同取值具有顺序关系，如成绩排名，这种属性可以进行标称属性的所有操作，此外，还能够比较大小、求分位数等。

实际场景中常见的分类属性数据包括人才招聘数据（分类属性包括姓名、地区、学历、专业、当前职业等）、投票数据（分类属性包括投票项目、投票结论等）以及医疗检测数据（分类属性包括病变位置、病变形态、是否外渗等）等。

2）数值属性数据

数值属性数据[12]是表达定量关系的数据，是现实生活中最常见的一种数据类型，其属性类型可以分为区间属性和比率属性。区间属性主要用于表示测量值，反映不同取值之间的差异，进行求均值、求标准差等运算，如年龄、身高等。比率属性表示数值之间的比率，既能反映不同取值的差异关系，也能反映比率关系，主要进行求几何平均数等运算，如年利率、收益率等。

实际场景中常见的数值属性数据包括词袋数据（数值属性为某个词出现次数）、空气质量检测数据（数值属性包括 PM2.5 浓度、温度、雨量、风向等）以及运动检测数据（数值属性包括运动时间、平均配速、平均心率等）等。

3）混合属性数据

混合属性数据[13]一般指同时包含分类和数值两种类型属性的数据。处理这种类型数据也更加复杂，需要同时考虑不同类型属性的特征。

混合属性数据在现实生活中最为常见，例如，贷款申请数据（分类属性包括性别、职业等，数值属性包括年收入、贷款金额等），商品信息数据（分类属性包括商品名、种类、产地等，数值属性包括容量、保质期限、价格等），以及学生成绩数据（分类属性包括学期、课程等，数值属性包括成绩等）等。

已有研究中针对数值属性数据的挖掘方法研究最为充分，特别是近年来受到广泛关注的深度学习方法，其要求输入数据可微，基本数据类型中只有数值属性数据具有这种性质，而分类属性数据不可进行求导操作，因此也就无法将深度学习方法直接应用于分类属性数据挖掘中，进而限制了分类属性数据和混合属性数据挖掘效果的进一步提升。

本书以结构化的分类属性数据为目标对象，研究利用深度学习相关方法提升分类属性数据的挖掘效果，以支持面向分类属性数据的管理决策过程。

1.2　决策支持中的数据挖掘方法

数据是决策支持的基础,而有效的数据挖掘是科学支持管理决策过程的关键。依据挖掘过程中是否用到了真实标签等外部信息,挖掘方法主要划分为两类:无监督学习(unsupervised learning)方式和有监督学习(supervised learning)方式。其中,由于实际决策支持过程面临的分析数据大多具有未标记特征,无监督挖掘成为决策支持中最为广泛应用的数据挖掘方法之一。

1.2.1　有监督学习

历史管理决策过程积累的部分数据具有已标记特征,即同时包含数据本身和决策结果。例如,银行历史贷款审批数据中既存在贷款申请者的申请信息,也标记了银行审批结果;又如,新闻平台数据中每条新闻都标注了所属类别(国内、国际、军事、财经等)。基于已标记数据的挖掘,可以辅助管理者发现历史决策的潜在规则,支持未来管理决策过程。

有监督挖掘是处理已标记数据的重要方法,关键在于发现数据特征到标记结果的映射关系。分类方法是有监督挖掘中最主要的方法之一,其通过构造分类函数或分类模型(也称分类器),挖掘已标记数据集中数据对象到标记结果的对应关系。不同于聚类分析关注聚类结果,分类任务中重点关注的是分类器本身,利用其预测可能的决策结果。分类方法已成功应用于贷款审核、保险评估、气象预报等领域,对银行、保险和气象等相关行业的管理决策过程起到了重要支持作用。

决策支持中的分类预测过程一般分为学习阶段和预测阶段。首先将已标记数据划分为训练集和测试集,学习阶段建立起预先定义好的分类器,通过训练使其能够较好地拟合训练集,预测阶段采用测试集对训练好的分类器进行评估,若其在测试集上也能获得准确的预测结果,则可以应用于预测未来产生的未标记数据的可能决策结果。

常见的分类方法包括基于规则的分类方法[14]、决策树分类方法[15]、贝叶斯分类方法[16]、基于近邻的分类方法[17]和基于神经网络的分类方法[18]。分类方法的研究热点和难点主要集中在分类预测导向的决策空间表征学习,以发现能够明确划分数据的分类超平面。近些年,快速发展起来的深度学习在分类任务上表现出了不凡的效果,例如,知名的深度残差网络(deep residual network,ResNet)模型[19]在 ImageNet[20]图像分类任务中已经表现出超越人类平均水平的准确度。

1.2.2　无监督学习

实际决策支持过程中需要处理的数据通常具有未标记特征，即仅包含数据本身，不存在解释数据特征的标签。例如，人才招聘数据仅包含应聘者基本信息，未直接标注应聘者是否符合招聘需求；又如，医疗检测数据仅展示了各项医疗指标的检测结果，并未给出诊断结论。从这些未标记数据中挖掘出潜在有用的知识模式，是支持管理决策过程的关键步骤。

无监督挖掘是处理这种广泛存在的未标记数据的重要方法。聚类分析是无监督挖掘中最主要的方法之一，其通过度量研究对象之间的相似性将其划分到不同的类中，进而分析每个类所具有的一般规律，挖掘其中潜在有用的知识模式。近年来，聚类分析在模式识别[21]、客户细分[22]、异常检测[23]及热点话题发现[24]等领域都取得了成功应用，为社交网络、金融、互联网和医疗等相关行业的管理决策过程提供了重要支持。

决策支持中进行聚类分析的一般过程如图 1-2 所示，主要包含三步：对应于决策空间表征的特征学习、对应于决策分析过程的聚类分析以及对应于决策结果评价的聚类结果评价。其中，特征学习并不是在每个聚类分析任务中都是必需的，例如，结构化的数值属性数据已经具备了较好的分析基础，数据格式规范，可以进行代数运算，传统聚类分析方法可以直接处理这种类型数据。当然，也可以利用深度学习方法在挖掘潜在特征上的优势，学习数值属性数据在聚类导向决策空间的表征。是否进行特征学习取决于待分析数据基本特征和实际决策分析需求。

图 1-2　决策支持中的聚类分析一般过程

常见的聚类分析方法包括分割聚类方法[25]、层次聚类方法[26]、基于密度的方法[27]和基于网格的方法[28]等。目前，聚类研究的难点和热点主要体现在不同类型属性数据的处理能力，包括分类属性数据处理能力和混合属性数据处理能力，聚类有效性评价以及缺失数据处理能力等。特别地，针对分类属性数据的聚类分析方法受制于其无法进行代数运算的特点，已有研究尚未能充分挖掘分类属性数据集中的潜在信息，影响聚类效果的提升。

本书以聚类分析为主要研究方法，聚焦于提升分类属性数据的处理能力和聚类结果有效性评价的准确性。

1.3　分类属性数据无监督学习问题

1.3.1　研究与应用难点

分类属性数据是决策支持过程面临的主要分析数据类型之一[29],数据对象由分类属性描述,其属性取值代表某种类别、编码或状态,通常为枚举型,不必具有顺序关系,且不同取值之间无法进行代数运算。例如,企业人才招聘时收集的人才数据具有典型的分类属性特征,描述应聘者基本信息的分类属性包括性别、教育水平、专业、是否具有相关工作经验等。此外,还有许多其他领域数据都具有分类属性特征,如医疗检测数据、调查问卷数据、投票数据等。因此,从具有分类属性特征的数据中发现潜在有用的知识模式是支持管理决策过程的重要需求。

然而,已有的分类属性数据挖掘方法存在无法深入探究不同分类属性取值现实含义及其相关关系的缺陷,影响挖掘结果的准确性。在原始特征空间中,分类属性取值仅能表达一致性关系,即两个取值是否相等,而无法反映具有不同现实含义的取值间关系。以人才数据中的"专业"属性为例,假设此属性出现三个取值,分别为"机械工程""管理科学与工程""工商管理",人类可以理解"管理科学与工程"与"工商管理"同属于管理学,而"机械工程"属于工学,因此,相比于"机械工程","管理科学与工程"和"工商管理"应具有更接近的关系。但是,原始分类属性数据集中仅能表达上述三个专业属性取值不同,无法将存在于人类智慧中的现实含义传递到分析过程中。这就导致传统基于原始特征空间的分类属性数据挖掘方法无法挖掘出数据集中隐含的有用信息,从而影响后续决策支持过程的科学性。

此外,实际决策支持过程面临的分析数据大多具有未标记特征,即不包含解释数据特征的标签,例如,人才数据中并未直接标注某人才是否符合招聘需求,医疗检测数据未标注诊断结果,调查问卷数据未标注调查结论,投票数据未直接标注投票结果等。不借助其他外部信息,实现对未标记数据的有效分析也是决策支持过程需要解决的实际问题。

分类属性数据是大量未标记数据中的重要数据类型,广泛存在于人才招聘、医疗等领域。尽可能从日积月累的分类属性数据中挖掘出潜在有用的知识模式,科学地辅助支持制定管理决策,是决策支持过程的重要需求。按照决策支持过程的三个核心阶段——决策空间表征、决策分析过程和决策结果评价,未标记分类属性数据的挖掘需求主要分为如下三点。

（1）基于分类属性数据的决策空间表征学习。将具有分类属性特点的待分析数据映射到决策任务目标空间中，使得映射后的数据表征不仅保留原始数据集潜在特征，还能更好地服务于目标决策任务。

（2）基于分类属性数据的决策分析。基于决策空间中的数据表征，采用无监督挖掘方法从中挖掘出有用知识。本书聚焦于聚类分析这种常用的无监督挖掘方法，将分类属性数据划分到不同类中，以发现不同类中数据特点，支持管理决策过程。

（3）基于分类属性数据的决策结果评价。针对分类属性数据的决策分析结果，定量评价其有效性，保证管理者依据科学的分析结果开展管理决策过程。

1.3.2　深度学习提供的新思路

目前，面向决策支持的分类属性数据无监督学习研究虽然取得了许多成果，但仍有一些问题尚待解决。

（1）已有分类属性数据无监督特征学习相关研究，存在分类属性取值间关系挖掘能力不足且学习结果受参数影响敏感的缺陷。基于编码的方法无法挖掘不同属性取值间关系；基于相似度的方法仅输出相似度矩阵，只能应用于以相似度矩阵为输入挖掘任务，且其对分类属性取值间关系的探索能力有限；基于嵌入的方法利用深度学习提升了分类属性取值间关系的挖掘能力，然而大多此类方法的特征学习结果受参数影响敏感。

（2）分类属性数据聚类结果的准确性受到分类属性数据间关系度量不精准影响严重。采用简单匹配、熵、概率、粗糙集和类中分类属性取值总体分布情况等方式衡量分类属性数据间关系，无法深入挖掘出分类属性取值蕴含的实际含义，导致分类属性数据间相似度或差异度度量不精准，影响聚类效果。

（3）已有分类属性数据聚类内部有效性评价指标无法深入衡量聚类结果中数据对象的全部分布情况。现有相关研究主要采用基于简单匹配、概率或熵的方法度量聚类结果的类内紧密度和类间分离度，这些方法的本质是比较分类属性取值的一致性，忽视了不同属性取值的内在联系，并且多数指标仅能评价类的整体表现，忽略了数据对象的具体分布情况。

深度学习在图像、文字、声音、网络等非结构化数据上的无监督特征学习、深度聚类和网络嵌入方面的学习能力已经得到广泛证实，相比于传统方法取得了更好的效果，有较多研究成果发表，可以为结构化的分类属性数据无监督学习研究提供新思路。

（1）深度无监督特征学习在非结构化数据和结构化的数值属性数据中获得了较好的学习效果，能够学习出数据的深度表征。深度学习模型由可微的非线性模块组成，在分类属性数据特征学习上的研究较为困难。而实际决策支持过程中面临的许多数据具有分类属性特征，因此研究面向分类属性数据的深度无监督特征学习方法是当前较为紧迫的研究方向之一。

（2）深度聚类相比于传统聚类算法获得了更好的聚类效果，特别是深度嵌入聚类将特征学习和聚类划分两种任务整合起来，通过端到端的方式即可完成聚类分析。大多数相关研究针对图像、文本等非结构化数据，在结构化的分类属性数据上的深度聚类问题还需要进一步深入研究。

（3）网络嵌入方法在保留网络拓扑结构、辅助信息和外部信息至节点表征中已积累了较为丰富的研究成果。考虑将其应用于非网络形态数据中，例如，结构化的分类属性数据，解决分类属性数据无监督挖掘中存在难以挖掘属性取值间实际关系的难题，是可以尝试的研究思路。

1.3.3　分类属性数据深度无监督学习体系

本书面向决策支持过程三个核心阶段——决策空间表征、决策分析过程和决策结果评价，以分类属性数据为目标对象，展开系统化研究，得到系列化的研究成果，包括分类属性数据深度特征学习方法、分类属性数据深度聚类方法和分类属性数据聚类内部有效性评价指标，为决策支持过程中处理未标记的分类属性数据提供了一整套解决方案。

（1）决策空间表征中的分类属性数据特征学习研究。借鉴深度无监督特征学习研究思路，基于结构化的分类属性数据集构建加权异构网络，利用网络嵌入方法，学习分类属性数据的深度数值表征，该表征中蕴含了原始数据集中尽可能多的潜在特征。

（2）决策分析过程中的分类属性数据聚类分析研究。基于本书分类属性数据特征学习研究成果，借鉴深度聚类同时完成数据特征学习和聚类划分的优势，将聚类目标引入分类属性数据加权异构网络中，得到聚类结果的同时可以获得具有聚类导向的分类属性数据深度数值表征。

（3）决策结果评价中的分类属性数据聚类内部有效性评价研究。基于信息论思想，舍弃传统相关研究中分类属性取值间相互独立的基本假设，提出分类属性数据距离度量方法，结合具备设计优势的聚类内部有效性评价指标框架，构建能够充分挖掘分类属性数据聚类结果全部分布信息的评价指标，该指标可应用于分类属性数据深度聚类结果的评价。

本书沿着决策空间表征、决策分析过程和决策结果评价这三个决策支持核心阶段，建立了分类属性数据深度无监督学习系列方法，并以人才招聘决策支持为实际背景，给出解决人才招聘决策支持中相关问题的具体过程。

1.4　本　章　小　结

本章系统介绍数据驱动决策支持的技术基础数据库知识发现与数据挖掘、有监督学习和无监督学习两类数据挖掘方法、分类属性无监督数据挖掘难点及解决思路。通过分析实际决策支持过程中面临的数据挖掘需求、具有分类属性特征数据的无监督挖掘研究难点和深度学习提供的新思路，给出分类属性数据深度无监督学习体系。

（1）数据驱动的决策支持是当前最主要的决策支持类型。依据跨行业数据挖掘标准流程的核心挖掘环节，可以抽象出数据驱动的决策支持中三个关键阶段分别为决策空间表征、决策分析过程以及决策结果评价。分类属性数据是决策支持过程面临的主要分析数据类型之一。

（2）深度学习为解决分类属性数据无监督挖掘的难点提供了新思路。深度学习在许多方面的学习能力已经得到广泛证实，相比于传统方法取得了更好的效果，可以为结构化的分类属性数据无监督挖掘研究提供新思路。

第 2 章　无监督学习基础及其分类属性数据研究

本章首先系统阐述无监督学习基础理论，然后以实际决策支持过程中常见的未标记分类属性数据为目标研究对象，介绍分类属性数据的无监督特征学习、聚类分析和聚类结果评价等相关理论与方法。

2.1　无监督学习基础

本节系统阐述无监督学习基础理论，沿着决策空间表征、决策分析过程和决策结果评价三个决策支持过程的核心阶段，介绍无监督特征学习、无监督分析过程以及无监督结果评价，最后给出面向决策支持的分类属性数据无监督学习一般过程。

2.1.1　无监督特征学习

数据特征维度递增能够帮助人们全面掌握及了解事物属性，提升基于数据的判断准确性。然而，维度升高后并不是所有属性都能完全展现其重要性，提供冗余数据信息的特征会严重干扰模型算法的工作效果及效率。因此，学习蕴含重要信息的关键特征是构建系统合理的模型算法，提升学习效果和效率的必要前提。本节介绍几类无监督特征学习方法：伪类标签生成、子空间聚类和稀疏模型。

从伪类标签生成来看，无监督特征学习方法主要包括谱映射方法、谱聚类方法、矩阵分解方法、字典学习方法等。谱映射方法认为相似性矩阵的特征向量反映了数据的分布结构，可以作为数据的伪类标签，类标签的生成和特征学习是两个独立的过程，这种方法人为割裂了它们之间的联系。谱聚类方法将类标签生成和特征学习两个过程结合起来，考虑了它们之间的相关关系。谱映射和谱聚类方法都强调要保持数据之间的相似性结构。矩阵分解方法通过学习基矩阵或类别指示矩阵，可以清晰地观察出数据之间的相关关系，能够作为数据的伪类标签。字典学习方法通过学习一个过完备矩阵和稀疏系数矩阵进行特征学习，其中稀疏系数矩阵可以看作数据的伪类标签，反映了数据的分布信息。字典学习方法相比于矩阵分解方法具有更少的约束，一些数据可以借助字典进行重新组合。伪类标签生成方法假设数据分布在统一的子空间中，忽视了数据的多子空间结构以及不同子空间之间的相互联系。

子空间聚类能够用来揭示数据隐含的多子空间结构，主要包含六类：基于统计的方法、基于迭代的方法、基于代数的方法、基于信息度量的方法、基于谱聚类的方法以及基于矩阵分解的方法。基于统计的方法假设子空间中数据服从高斯分布。基于迭代的方法迭代地将数据分配到某个子空间中。基于统计和迭代的方法需要提前确定子空间的数量和维度，并且依赖于正确的初始化。基于代数的方法使用多项式函数拟合数据，根据多项式函数在某数据点的梯度来确定某个子空间是否包含该数据，这种方法可以解决子空间具有不同维度的情况，但对于异常点和噪声较为敏感，同时该方法的计算复杂度也会随着空间和维度数量的增加而不断上升。基于信息度量的方法使用退化的高斯分布对每个子空间进行建模，并利用混合高斯拟合数据，然后运用最小化编码长度对数据进行划分，此问题本质上为一个 NP 难问题，因此首先假设每个数据单独成类，再通过迭代融合降低编码长度，从而获得算法次优解。基于谱聚类的方法使用数据的局部信息建立相似性矩阵，再通过谱聚类对数据进行划分，这种方法难以处理不同近邻子空间的数据。基于矩阵分解的方法通过矩阵分解得到数据的相似性矩阵，基于此再进行数据的划分，此方法在子空间相互独立时能够得到较准确的结果，当子空间不相互独立时，学习效果较差并且容易受到异常点和噪声的影响。

稀疏模型可以完成特征学习，同时获得数据的稀疏表示。这类方法通过最小化拟合误差，以及构建稀疏正则化项，通过具有稀疏约束的表示系数矩阵约束不同特征的重要性，从而实现重要特征的选择。近年来，越来越多的学者开始深入研究特征稀疏正则化技术，利用系数正则化技术约束稀疏矩阵，以用作特征权重来选取重要的数据特征，典型的方法包括：联合特征选择和子空间学习（joint feature selection and subspace learning，JFSSL）、多集群特征选择（multi-cluster feature selection，MCFS）、无监督判别特征选择（unsupervised discriminant feature selection，UDFS）、非负判别特征选择（nonnegative discriminant feature selection，NDFS）等。

无监督特征学习方法在许多学者的不断探索中已经取得了快速发展，且学习的效果和效率得到了长足提升。对于真实数据来说，由于所处环境复杂，不同数据的分布规律并不完全相同，并且数据中通常含有冗余信息和噪声，特别需要对特征学习方法的鲁棒性进行考虑。此外，数据的局部几何结构已经被证实对于特征学习来说是至关重要的，大多数传统方法都直接在原始空间中进行学习，使得学习结果会受到原始空间中各种干扰因素的影响，仍然需要针对不同应用场景和数据特征进行进一步深入研究。

2.1.2　无监督分析过程

聚类分析是数据挖掘中的重要任务之一，也是面向未标记数据的无监督学习的主要内容之一，其目的是将大量数据对象划分成未知的有意义的类。本小节介绍一些传统的聚类方法以及高维空间聚类。

1. 传统聚类方法

传统的聚类方法主要包括分割聚类、层次聚类、基于密度的聚类、基于网格的聚类等。

1）分割聚类

分割聚类是一种基于原型（prototype）的聚类方法，其基本思路是：首先从数据对象集合中随机地选择几个对象作为聚类的原型，然后将其他对象分别分配到由原型所代表的最相似，也就是距离最近的类中。对于分割聚类方法，一般需要一种迭代控制策略，对原型不断地进行调整，从而使得整个聚类得到优化，例如，使得各对象到其原型的平均距离最小。根据所采用的原型的不同，分割聚类方法主要包括 k-均值（k-means）[30]和 k-中心点（k-medoids）两大类聚类算法。

（1）k-means 聚类算法。

假设有 n 个对象需要分成 k 类，那么在 k-means 聚类算法中，首先随机地选择 k 个对象代表 k 个类，每一个对象作为一个类的中心，根据距离中心最近的原则将其他对象分配到各个类中。在完成首次对象的分配之后，以每一个类中所有对象的各属性均值（means）作为该类新的中心，进行对象的再分配，重复该过程直到没有变化为止，从而得到最终的 k 个类。聚类过程可以通过以下几个步骤来描述。

步骤 1：随机地选择 k 个对象，每一个对象作为一个类的中心，分别代表将分成的 k 个类。

步骤 2：根据距离"中心"最近的原则，将其他对象分配到各个相应的类中。

步骤 3：针对每一个类，计算其所有对象的平均属性值，作为该类新的"中心"。

步骤 4：根据距离"中心"最近的原则，重新进行所有对象到各个相应类的分配。

步骤 5：若由步骤 4 得到的新的类的划分与原来的类划分相同，则停止计算。否则，转步骤 3。

另外，k-means 聚类算法还有一种拓展算法，称为 k-众数（k-modes）算法[31]，该算法是将 k-means 聚类算法的思想应用于分类属性的情况。

（2）k-medoids 聚类算法的思路和步骤。

在 k-medoids 聚类算法中，首先选择 medoids 作为各个类的原型，再根据距离 medoids 最近的原则将其他对象分配到各个类中。那么，什么是 medoids 呢？假设有 n 个对象需要分成 k 类，则 medoids 是分别接近于 k 个类的中心，并且按照一定的标准使聚类的质量达到最好的 k 个对象。比较著名的 k-medoids 聚类算法有围绕中心点划分（partitioning around medoids，PAM）算法、大型应用聚类（clustering large applications，CLARA）算法[32]以及基于随机搜索的大型应用聚类（clustering large applications based on randomized search，CLARANS）算法[33]。

　　PAM 算法是比较基本的 k-medoids 类型的算法。在 PAM 算法中，最为关键的是寻找这 k 个代表对象。为此，PAM 算法首先随机地选取 k 个对象作为 k 个类的代表 medoids，并将其他对象分配到与其距离最近的 medoids 所代表的类中。然后按照一定的质量检验标准选择一个 medoids 对象和另一个非 medoids 对象进行交换，使得聚类的质量得到最大限度的提高。重复上述对象交换过程，直到质量无法提高为止，并将此时的 k 个 medoids 作为最终的 k 个 medoids，进行非 medoids 对象的分配，形成最终的聚类。

　　CLARA 算法是比较早立足于处理大规模数据集的一种算法。在 CLARA 算法中，类的代表对象 medoids 不是从整个数据对象集合中选择的。该算法首先从整个数据对象集合中抽取一个样本，然后针对样本集应用 PAM 算法寻找类的代表对象 medoids。如果样本的抽取比较合适，则从样本中得到的代表对象 medoids 就近似于从整个数据对象集合中得到的 medoids。这样，既可以减少计算量，又基本不影响聚类的质量。

　　CLARANS 算法也是对 PAM 算法的一种改进，但是改进的方法与 CLARA 算法有所不同。同 CLARA 算法类似，CLARANS 算法也采用抽样的方法减少数据量，并采用 PAM 算法寻找代表对象 medoids，但是抽样的内容和寻找 medoids 过程与 CLARA 算法不同。CLARA 算法在固定的样本中寻找代表对象 medoids，进行 medoids 和非 medoids 的替换；而 CLARANS 算法寻找代表对象 medoids 并不局限于样本集，而是在整个数据对象集合中随机抽样寻找。CLARANS 算法是从数据挖掘的角度提出的比较早的聚类算法之一。实验结果表明 CLARANS 算法比 PAM 算法和 CLARA 算法更有效。

　　总体来讲，在聚类的形状为凸形，大小和密度相似，并且聚类的数目可以合理估计的情况下，上述各种分割聚类算法都是比较有效的，能够形成合理的聚类结果。除了上述常用的分割聚类算法之外，还有一些其他分割聚类算法，如图聚类[34]、模糊聚类等[35]。

　　2）层次聚类

　　层次聚类采用"自顶向下"（top-down）或"自底向上"（bottom-up）的方法在不同的层次上对对象进行分组，形成一种树形的聚类结构。如果采用"自顶向下"的方法，则称为分解型层次聚类（divisive hierarchical clustering）算法；如果采用"自底向上"的方法，则称为聚结型层次聚类（agglomerative hierarchical clustering）算法。

　　聚结型层次聚类算法首先将每一个对象独立地作为一个类，然后根据各个类之间的相似程度逐层向上聚结，形成越来越大的类，最终形成包含全部对象的唯一的类，也可以在满足一定的聚结终止条件时终止聚结，例如，指定需要形成的聚类的数目作为终止的条件。典型的聚结型层次聚类算法有凝聚嵌套（agglomerative nesting，AGNES）算法、基于层次的平衡迭代约简和聚类（balanced iterative reducing and clustering using hierarchies，BIRCH）算法[36]、基于代表的聚类（clustering using representatives，CURE）算法[37]、基于链接的鲁棒聚类（robust clustering using links，ROCK）算法[38]和变色龙（chameleon）算法[39]等。

与聚结型层次聚类算法相反，分解型层次聚类算法首先将所有对象作为一个类，然后根据各个类之间的相似程度逐层向下分解，形成越来越小的类，最终形成每个类中仅包含一个对象的多个类。分解型层次聚类算法也可以在满足一定的分解终止条件时结束，例如，指定需要形成的聚类的数目作为终止的条件。典型的分解型层次聚类算法有分裂分析（divisive analysis，DIANA）算法等。总体而言，聚结型层次聚类算法比分解型层次聚类算法更为常见。

3）基于密度的聚类

基于密度的聚类方法以局部数据特征作为聚类的判断标准。类被看作一个数据区域，在该区域内对象是密集的，对象稀疏的区域将各个类分隔开来。多数基于密度的聚类算法形成的聚类形状可以是任意的，并且一个类中对象的分布也可以是任意的。基于密度的聚类比较经典的算法有：基于密度的噪声应用空间聚类（density-based spatial clustering of applications with noise，DBSCAN）算法[40]、小波聚类（wavecluster）算法[41]、基于密度的聚类（density-based clustering，DENCLUE）算法[42]、探索聚类（clustering in quest，CLIQUE）算法[43]和基于点排序识别聚类结构（ordering points to identify the clustering structure，OPTICS）算法[44]等。wavecluster算法和 CLIQUE 算法既是基于密度的，也是基于网格的。

DBSCAN 是典型的基于密度的聚类算法，其主要思想可以通过其要求的两个输入参数——半径 ε 和对象的最小数目 minpts 来进行描述，即一个对象在其半径为 ε 的邻域内包含至少 minpts 个对象，则该对象附近被认为是密集的。为了确定这样的密集区域，该算法涉及有关密度的一系列定义，从而根据这些定义来确定密集区域，也就是确定各个类，并隔离出异常值。这些定义包括如下。

（1）ε-邻域（ε-neighborhood）：对于一个给定的对象，其半径为 ε 的邻域称为该对象的 ε-邻域。

（2）核心对象（core object）：对于一个对象，如果在其 ε-邻域内至少包含 minpts 个对象，则该对象称为核心对象。

（3）直接密度可达（directly density-reachable）：在给定的对象集 D 中，对于参数 ε 和 minpts，如果 q 是一个核心对象，对象 p 在 q 的 ε-邻域内，则称对象 p 为从对象 q 是直接密度可达的。

（4）密度可达（density-reachable）：在给定的对象集 D 中，对于参数 ε 和 minpts，

如果存在着对象 $p_1, p_2, \cdots, p_i, \cdots, p_n$，$p_1 = q$，$p_n = p$，对于每一个 $i \in \{1, 2, \cdots, n-1\}$，对象 p_{i+1} 从对象 p_i 是直接密度可达的，则称对象 p 从对象 q 是密度可达的。

（5）密度相连（density-connected）：在给定的对象集 D 中，对于参数 ε 和 minpts，如果对象 p 和对象 q 都是从对象 o 密度可达的，则称对象 p 和对象 q 是密度相连的。

（6）类与噪声（cluster and noise）：在给定的对象集 D 中，对于参数 ε 和 minpts，一个类 C 是满足下面两个条件之一的 D 的非空子集：①对于任意的 p，$q \in D$，如果 $q \in C$，并且 p 是从 q 密度可达的，则 $p \in C$；②对于任意的 p，$q \in C$，p 和 q 密度相连的。不属于任何一个类的对象被认为是噪声。

DBSCAN 算法中的类是密度相连的、基于密度可达性为最大的对象集，是按一定的规则确定的密集区域，这些区域被稀疏区域分离开来，没有被包含在任何类中，即存在于稀疏区域中的对象被认为是噪声。DBSCAN 算法不受聚类形状的限制，并且不受异常值的影响[45]。但是，该算法需要事先给定聚类参数 ε 和 minpts，并且聚类的结果对这两个参数非常敏感。

OPTICS 算法是在 DBSCAN 算法的基础上提出来的，该算法并不明确地生成数据类，而是基于密度建立对象的一种排序，通过该排列给出对象的内在聚类结构，通过图形直观地显示对象的分布及内在联系。OPTICS 算法的基本结构同 DBSCAN 算法的基本结构是一致的。

wavecluster 算法是将信号处理技术中小波变换（wavelet transformation）的方法用到了聚类分析中。该算法首先在数据空间中建立多维的网格结构，对每一个网格单元汇总落入该网格的数据点的信息。然后采用小波变换对原始特征空间进行变换，在变换后的空间中寻找密集区域。wavecluster 算法能够处理大规模数据集，也能够处理任意形状的聚类，并且不受数据输入顺序和异常值的影响，也没有预先输入参数的要求。

DENCLUE 算法利用密度分布函数通过识别密度吸因子（density attractor）的方法进行聚类。密度吸因子是密度函数的局部极值点。DENCLUE 算法也采用了网格单元来保存数据点的信息，并且用树形结构对这些单元进行管理，因此更有效。另外，该算法不受异常值的影响。

CLIQUE 算法是适用于高维空间的一种聚类算法。该算法针对高维空间数据集采用了子空间的概念来进行聚类，算法的主要思想体现在：如果一个 k-维数据区域是密集的，则其在 $(k-1)$-维空间上的投影也一定是密集的，所以可以通过寻找 $(k-1)$-维空间上的密集区来确定 k-维空间上的候选密集区，从而显著减小了需要搜索的数据空间。CLIQUE 算法适用于处理高维数据，也可应用于大规模数据集。另外，该算法给出了用户易于理解的聚类结果最小表达式。但是，该算法的处理简化对聚类的结果有一定的影响。

近年来，基于密度的聚类方法又有了一些新的进展。文献[46]于 2014 年发表了密度峰值（density peak，dpeak）聚类算法。该算法基于两个基本假设：聚类中心之间的相对距离较远，聚类中心的局部密度大于其周围非中心点的局部密度。通过定义局部密度和相对距离快速定位聚类中心，进而高效完成聚类。dpeak 可识别出任意形状数据，能直观地找到类的数目，也能非常容易地发现异常点。但该算法的复杂度 $O(n^2)$ 较高，精度易受数据结构影响，并且高维数据适用性不强[47]。

4）基于网格的聚类

基于网格的聚类基本思想是：首先将数据空间 W 划分为网格单元，将数据对象集 O 映射到网格单元中，并计算每个单元的密度，根据用户输入的密度阈值 minpts 判断每个网格单元是否为高密度单元，由邻近的稠密单元组形成类。典型的基于网格的聚类算法有：CLIQUE 算法、统计信息网格（statistical information grid，STING）算法[48]、wavecluster 算法等。这些算法使用了不同的网格划分方法，并对网格数据结构进行了不同的处理，但它们的核心步骤都是相同的：都使用网格单元内数据的统计信息对数据进行压缩表达，然后基于这些统计信息判断高密度网格单元，最后将相连的高密度网格单元识别为类。大部分基于网格的聚类算法同时又是基于密度的，具有两个关键参数：网格划分参数 k 和密度阈值 minpts。网格划分参数 k 决定着网格单元的划分粒度，这将直接影响到聚类质量。如果划分粒度很细，则网格单元的数量会显著增加，从而使处理代价显著增加；如果划分粒度太粗，则属于不同类中的对象被划分到同一网格中概率会显著增加，从而降低聚类精度。这种方法具有线性的时间复杂度，对大规模数据集有很好的扩展性，但是，以网格取代数据点作为聚类基本单元，丢失了大部分点的信息，导致聚类质量下降。

2. 高维空间聚类

受高维空间"维度灾难"影响，一方面高维数据对象间的最近距离和最远距离差别很小；另一方面维度增加带来的某些算法计算复杂度的急剧增加，传统聚类算法无法有效地解决高维空间数据聚类问题。为了解决高维空间聚类问题，研究者提出了一些方法，包括属性约简、子空间聚类、图/超图分割聚类以及基于稀疏特征的聚类方法。

1）属性约简

对于高维数据，通过属性特征转换或属性特征选择的方法降低维度，保留与聚类任务相关性较高的维，移除相关性较低的维，进而利用传统聚类算法解决转换的低维空间聚类问题。

（1）特征转换方法。

特征转换方法利用原始全部特征构造新的少量特征，如主成分分析（principal

component analysis，PCA）、核主成分分析（kernel principal component analysis，KPCA）以及非负矩阵分解（nonnegative matrix factorization，NMF）、奇异值分解（singular value decomposition，SVD）、小波分析及自组织特征映射（self-organizing feature map，SOFM）等。

①PCA。

PCA 是一种使用较为广泛的数据降维算法，基本思想是利用较少的主成分来替代原始的多维度变量，而这些主成分可以保留原始变量的绝大部分信息，而且彼此不相关。假设样本集 D 有 n 个对象，m 个观测变量（即 m 维），原始数据集可以用 $n \times m$ 的矩阵表示为

$$X = \begin{bmatrix} x_{11} & x_{12} & \cdots & x_{1m} \\ x_{21} & x_{22} & \cdots & x_{2m} \\ \vdots & \vdots & & \vdots \\ x_{n1} & x_{n2} & \cdots & x_{nm} \end{bmatrix} \tag{2-1}$$

确定主成分的具体步骤如下。

步骤 1：对数据进行预处理，使数据表示统一化且具有可比性，如对每一列进行中心化处理：$x_j = x_j - \dfrac{1}{n} \sum_{i=1}^{n} x_{ij}, j = 1, 2, \cdots, m$。

步骤 2：计算样本集的协方差矩阵。任意两个变量 x_p 和 x_q 的协方差可表示为

$$\mathrm{cov}(x_p, x_q) = E\big(x_p - E(x_p)\big)\big(x_q - E(x_q)\big), \quad p, q = 1, 2, \cdots, m \tag{2-2}$$

式中，$E(\cdot)$ 为数学期望。

样本集的协方差矩阵 Σ 可表示为

$$\Sigma = \begin{bmatrix} \mathrm{cov}(x_1, x_1) & \mathrm{cov}(x_1, x_2) & \cdots & \mathrm{cov}(x_1, x_m) \\ \mathrm{cov}(x_2, x_1) & \mathrm{cov}(x_2, x_2) & \cdots & \mathrm{cov}(x_2, x_m) \\ \vdots & \vdots & & \vdots \\ \mathrm{cov}(x_m, x_1) & \mathrm{cov}(x_m, x_2) & \cdots & \mathrm{cov}(x_m, x_m) \end{bmatrix} \tag{2-3}$$

步骤 3：计算协方差矩阵 Σ 的特征值和特征向量。由矩阵相关理论可知，对称正定矩阵 Σ 与对称矩阵 Λ 正交且相似，即

$$Q^{\mathrm{T}} \Sigma Q = \Lambda = \begin{bmatrix} \lambda_1 & & & \\ & \lambda_2 & & \\ & & \ddots & \\ & & & \lambda_m \end{bmatrix} \tag{2-4}$$

式中，λ_i 为 Σ 的特征值；Q 为由 Σ 对应特征向量组成的正交矩阵。将特征值从大

到小排列，使 $\lambda_1 \geqslant \lambda_2 \geqslant \cdots \geqslant \lambda_m$。按照排序后的特征值的次序，调整特征向量，得到降维矩阵 $U = (u_1, u_2, \cdots, u_m)$，其中 u_i 是 λ_i 对应的特征向量。

步骤 4：确定满足条件的主成分数量。每个主成分对原始数据的描述程度可表示为

$$f_c = \frac{\lambda_c}{\sum\limits_{j=1}^{m} \lambda_j}, \quad c = 1, 2, \cdots, m \tag{2-5}$$

式中，λ_c 是第 c 个特征值，实际使用中可设置一个阈值 α，主成分的最小个数 k 满足

$$\sum_{c=1}^{k} f_c \geqslant \alpha \tag{2-6}$$

步骤 5：计算主成分，计算公式如下：

$$C = P^{\mathrm{T}} X^{\mathrm{T}} \tag{2-7}$$

式中，P 由 U 的前 k 列组成，即前 k 个特征值对应的特征向量；C 的每一列即为一个主成分。

②KPCA。

PCA 更擅长处理线性的、正态分布的数据，而在现实任务中，数据在很多情况下呈现非线性、非正态的分布特点。因此，一些非线性降维方法应运而生。其中最为典型的就是基于核技术的方法，如 KPCA 方法。其基本思想是：将原始数据集通过非线性函数映射到适当的高维特征空间中，引入形式已知的核函数，故不需要知晓非线性映射的具体表达式，进而计算核函数对应的核矩阵并求解核矩阵的特征向量，将高维空间中的数据集进行投影。

假设样本集 D 有 n 个对象，m 个观测变量（即 m 维），原始数据集可以用 $n \times m$ 的矩阵表示为 $X = ([x_{ij}])_{n \times m}$，样本 x_i 在高维特征空间中的映射为 $z_i = \phi(x_i)$，$i = 1, 2, \cdots, n$。

KPCA 的基本步骤如下。

步骤 1：对数据进行中心化预处理。

步骤 2：计算样本集所对应的核矩阵 K。

$$K = \begin{bmatrix} \kappa(x_1, x_1) & \kappa(x_1, x_2) & \cdots & \kappa(x_1, x_n) \\ \kappa(x_2, x_1) & \kappa(x_2, x_2) & \cdots & \kappa(x_2, x_n) \\ \vdots & \vdots & & \vdots \\ \kappa(x_n, x_1) & \kappa(x_n, x_2) & \cdots & \kappa(x_n, x_n) \end{bmatrix} \tag{2-8}$$

式中，$\kappa(x_i, x_j) = \phi^{\mathrm{T}}(x_i)\phi(x_j)$ 是引入的核函数，不需要显式地定义映射 $\phi(x)$，只需定义特征空间中向量的点积即可，这就是核技巧（kernel trick）。

步骤 3：计算核矩阵 K 的特征值和特征向量。类似于式（2-4），有

$$Q^{\mathrm{T}}KQ = \begin{bmatrix} \lambda_1 & & & \\ & \lambda_2 & & \\ & & \ddots & \\ & & & \lambda_n \end{bmatrix} \tag{2-9}$$

式中，λ_i 为 K 的特征值；Q 为由 K 对应的特征向量组成的正交矩阵。将特征值从大到小排列，使 $\lambda_1 \geqslant \lambda_2 \geqslant \cdots \geqslant \lambda_n$。按照排序后的特征值的次序，调整特征向量，得到降维矩阵 $U = (u_1, u_2, \cdots, u_n)$，其中 $u_j = (u_{1j}, u_{2j}, \cdots, u_{nj})^{\mathrm{T}}$ 是 λ_j 对应的特征向量。

步骤 4：对于任意样本 x_i，其投影后在新的特征空间中第 $j(j = 1, 2, \cdots, k$, k 为降维后的维度数量) 个坐标分量为

$$z_j = \sum_{i=1}^{n} u_{ij} \kappa(x_i, x) \tag{2-10}$$

应用比较广泛的核函数有以下几种形式。

线性核函数：

$$\kappa(x_i, x_j) = x_i^{\mathrm{T}} x_j$$

多项式核函数：

$$\kappa(x_i, x_j) = (\alpha x_i^{\mathrm{T}} x_j + \beta)^d$$

式中，d 为正整数。

高斯核函数：

$$\kappa(x_i, x_j) = \exp\left(-\frac{\|x_i - x_j\|^2}{2\sigma^2}\right)$$

式中，$\|\cdot\|$ 表示向量的模；σ 表示带宽。

sigmoid 核函数：

$$\kappa(x_i, x_j) = \tanh(\alpha x_i^{\mathrm{T}} x_j + \beta)$$

③NMF。

矩阵分解方法是应用数学领域的研究重点，其目的在于对原始矩阵在一定约束条件下进行分解，从而简化矩阵运算效率并取得良好的解读性。非负矩阵分解算法的基本思想是：在对矩阵元素的非负约束条件下，将原有的数据矩阵 X 分解为基矩阵 U 和系数矩阵 V，基矩阵 U 的每一列代表一个局部特征，系数矩阵 V 的每一列代表一个样本在低维空间中的表示。具体定义如下。

给定 m 维的非负随机向量 x，其 n 个观测样本表示为 $x_j, j = 1, 2, \cdots, n$，m 维的 n 个列向量 x 组成数据矩阵 X。NMF 算法是将 X 分解成非负的 $m \times r$ 的基矩阵 U 和非负的 $r \times n$ 的系数矩阵 V，使得

$$X = UV + E \approx UV \tag{2-11}$$

式中，$X = [x_1, x_2, \cdots, x_n] \in \mathbb{R}_+^{m \times n}$；$U = [u_1, u_2, \cdots, u_r] \in \mathbb{R}_+^{m \times r}$；$V = [v_1, v_2, \cdots, v_n] \in \mathbb{R}_+^{r \times n}$。$m \times n$ 的噪声矩阵 E 表示逼近误差，一般要求 $\|E\|_F$ 较小且快速收敛，其中 $\|E\|_F = \sqrt{\sum_i \sum_j |X_{ij}|^2}$，表示矩阵 E 的弗罗贝尼乌斯（Frobenius）范数。r 通常根据实际情况确定并满足 $(m + n)r < mn$，即利用少量的基向量便可表示高维数据。

④SVD。

SVD 作为一种有效的代数特征提取方法，可以捕获实矩阵或复矩阵的基本结构，反映矩阵的代数本质。给定秩为 r、大小为 $m \times n$ 的实矩阵或复矩阵 I，通过 SVD 可以将矩阵 I 分解为三个矩阵，如式（2-12）所示：

$$I = USV^T \tag{2-12}$$

式中，$U_{m \times m} = [u_1, u_2, \cdots, u_r, \cdots, u_m]$ 是 m 阶正交矩阵；$V_{n \times n} = [v_1, v_2, \cdots, v_r, \cdots, v_n]$ 是 n 阶正交矩阵；$S_{m \times n}$ 是对角矩阵且满足性质 $S_{m \times n} = \begin{bmatrix} \Sigma_{r \times r} & 0 \\ 0 & 0 \end{bmatrix}$ 和 $\Sigma_{r \times r} = \mathrm{diag}(\sigma_1, \sigma_2, \cdots, \sigma_r)$。$\Sigma_{r \times r}$ 中的对角元素 σ_i 称为矩阵 I 的奇异值，且满足 $\sigma_1 \geqslant \sigma_2 \geqslant \cdots \geqslant \sigma_r \geqslant \sigma_{r+1} = \cdots = \sigma_n = 0$。$U$ 和 V 的列分别称为 I 的左右奇异向量。式（2-12）可以展开为

$$I = USV^T = [u_1, u_2, \cdots, u_m] \begin{bmatrix} \Sigma \\ 0 \end{bmatrix} [v_1, v_2, \cdots, v_n] = \sum_{i=1}^r \sigma_i u_i v_i^T \tag{2-13}$$

SVD 在高维数据维数约简方面的应用可以这样理解，它将 n 维空间的点映射到 r 维，以向量 $v_1, v_2, \cdots, v_r$ 为坐标轴的方向向量构建了新的正交坐标系，$\sigma_i u_i$ 是样本在坐标轴 v_i 上的坐标值，奇异值 σ_i 表示原向量在投影方向（即坐标轴 v_i）上的投影方差，方差越大，表示该坐标轴越重要。仅保留前 $k(k \leqslant r)$ 个占据主导地位的奇异值，可以得到一个新矩阵：

$$I' = \sum_{i=1}^k \sigma_i u_i v_i^T \tag{2-14}$$

（2）特征选择方法。

特征选择一般使用特定评估函数从原始的属性中选择合适的属性子集以替代原始数据参与聚类过程，在文本挖掘和基因序列挖掘中有一定的应用。其中的常用评估函数包括信息熵方法和相关系数法。

①信息熵方法。

信息熵可以被称为描述系统混乱程度的指标，熵值越大，系统的不确定性越高。假设数据序列 $X = (x_1, x_2, \cdots, x_m)$，$p_{x_i}$ 表示 x_i 在 X 中出现的概率，则 X 的信息熵计算公式如下：

$$H(X) = -\sum_{x_i \in X} p_{x_i} \log_2(p_{x_i}) \tag{2-15}$$

　　基于信息熵的特征选择方法，主要是计算特征的信息增益和互信息作为特征选择的评价函数。信息增益是针对数据集中每一个特征而言的，对于每个特征比较选取该特征和不选取该特征时的信息量的值，两者的差值即为该特征的信息量，即信息增益。信息增益越大，则选取该特征的结果越好。信息增益从全局角度考察各个特征对于整个系统的贡献，比较全面。互信息是通过考察数据集中特征之间的相关性进行特征的取舍，尽可能使特征子集中的特征之间相关性最小，将冗余降到最低。

　　②相关系数法。

　　通过计算特征之间的相关系数的大小，可以判断两两特征之间的相关程度。两个变量 X 和 Y 的皮尔逊相关系数（Pearson correlation coefficient）的计算公式如下：

$$r(X,Y) = \frac{\text{cov}(X,Y)}{\sigma(X)\sigma(Y)} = \frac{\sum_{i=1}^{n}(X_i - \overline{X})(Y_i - \overline{Y})}{\sqrt{\sum_{i=1}^{n}(X_i - \overline{X})^2}\sqrt{\sum_{i=1}^{n}(Y_i - \overline{Y})^2}} \tag{2-16}$$

式中，$\text{cov}(X,Y)$ 表示变量 X 和 Y 之间的协方差；σ 是变量方差的算术平方根；n 代表变量中元素的个数。皮尔逊相关系数是一种线性相关系数，其取值在−1 到 1 之间，−1 代表负线性相关，0 代表完全不相关，1 代表正线性相关。如果两个特征是高度线性相关的，这时只需要保留其中一个即可。

　　除了基于信息熵和相关系数的特征选择方法之外，有研究者提出了基于属性特征聚类、核判别分析、遗传优化等特征选择方法。

　　属性约简在处理极高维数据聚类时存在着明显的不足：一方面属性约简后的数据空间特征可能发生改变，使原始数据丢失重要的聚类信息；另一方面采用特征转换后的新的数据空间维度可解释性不强，聚类结果的可理解性和实用性不足。

　　2）子空间聚类

　　子空间聚类是从同一原始高维空间中不同的低维子空间中发现类，类似于属性约简中的特征选择，需要一定的特征搜寻和评估方法。与属性约简不同的是，子空间聚类为不同的类搜寻不同的属性子集（子空间）。经典的子空间聚类按搜寻策略不同主要分为自顶向下和自底向上两类方法。经典的自顶向下方法有：投影聚类（projected clustering，PROCLUS）算法[49]、基于维度投票的快速智能子空间聚类算法（a fast and intelligent subspace clustering algorithm using dimension voting，FINDIT）[50]；经典的自底向上方法有：CLIQUE 算法、基于熵的聚类（entropy-based clustering，ENCLUS）算法[51]、自适应有限区间合并（merging of adaptive finite intervals，MAFIA）算法[52]。下边介绍几种子空间聚类算法的基本思想。

　　PROCLUS 是基于投影的子空间聚类算法，算法基于中心点（medoids）思想，使用局部分析来找到与每个中心点相关的维度集。该算法分三个阶段进行，初始阶段、迭代阶段和优化阶段。初始阶段选择出代表性的中心点集；迭代阶段计算了与每个中心点相对应的一组维度，使得分配给中心点的点在由这些维度确定的子空间中形成一个类，通过对聚类结果进行分析，并不断迭代替换差的中心点，得到最优中心点集；优化阶段对中心点维度进行优化，提高聚类质量。任意导向投影类生成（arbitrarily oriented projected cluster generation，ORCLUS）算法是PROCLUS 的扩展版本，用奇异值分解（SVD）寻找类所在的子空间，既可以发现轴平行的子空间类，也可以发现非轴平行的子空间类。投影聚类是高维数据聚类分析有效途径之一，有效地降低了"维灾"影响。但确定类所在的子空间具有较高的时间复杂度；参数选择较为敏感，导致聚类精度无法保证，限制了投影聚类的适用性。

FINDIT 基于两个关键思想确定每个类的相关维度：①面向维度的距离度量，以充分利用维度差异信息；②基于 V 个最近邻信息以概率方式确定重要维度的维度投票策略。聚类过程由三个阶段组成：采样阶段、聚类形成阶段和数据分配阶段。在采样阶段，通过随机采样方法生成两个不同的样本集 S 和 M。S 作为代表给定数据集的分布样本；M 小于 S，M 中的点用作原始类的代表。聚类形成阶段，首先，通过维度投票方法确定 M 中所有中心点的相关维度。然后将在面向维度的距离度量中彼此靠近的中心点组合在一起。这组中心点被命名为中心点类，是一种线框，它模拟了原始类的大小和相关维度。在数据分配阶段，所有点都被分配到它们最近的中心点类，没有分配到任何中心点类的点被认为是异常值。

ENCLUS 算法类似于 CLIQUE 算法，不同的是 ENCLUS 算法使用一个中间值熵来查找子空间的类。ENCLUS 算法的基本思想是：可形成类的子空间的熵值一般低于无法形成类的子空间的熵值。该算法需要三个参数，即熵的阈值、信息增益阈值和网格尺寸。与 CLIQUE 算法一样，算法结果对这些参数高度敏感。ENCLUS 算法的伸缩性也与 CLIQUE 算法完全相同。

MAFIA 算法使用了一种自底向上的子空间聚类技术。该算法基本思想可以概括如下：根据数据分布划分网格到单元，k-维候选的高密度单元是通过合并任意两个 $(k-1)$-维的高密度单元得到的，并且这两个 $(k-1)$-维的单元有一个共同的 $(k-2)$-维的子单元，再根据高密度单元进行聚类。该算法的优点是不需要用户去输入一般的网格参数；缺点是对参数相当敏感，运行时间随维数呈指数增长。

近年来，有研究者提出了模糊子空间聚类、特征加权聚类、特征熵加权聚类、同步子空间聚类、特征相关和距离散度约束聚类、特征组加权聚类等子空间聚类方法，在合成数据集及真实数据集上，实验表明这些方法的聚类效果或效率上优于传统的子空间聚类方法。然而，子空间的数目会随着原始数据空间维数的增高和更精确的聚类结果要求而急剧增长，对子空间类的搜索将会有很高的复杂度。

3）图/超图分割聚类

对高维数据的图分割聚类是利用图的优化分割技术得到聚类结果，现有的图分割方法大都遵循最小切割（minimum cut，mincut）准则，即要求不同类之间的边权重之和最小。

给定一个无向加权图 $G = (V, E)$，其中 $V = \{v_1, v_2, \cdots, v_n\}$ 表示图 G 中所有顶点的集合，$E = \{e_1, e_2, \cdots, e_m\}$ 表示边的集合。图分割是指将图 G 的顶点集合划分成多个非空子集 $\{A_1, A_2, \cdots, A_c\}(c \geqslant 2)$ 的过程，且须满足 $A_i \bigcap A_j = \varnothing$ 和 $A_1 \bigcup A_2 \bigcup \cdots \bigcup A_c = V$。采用最小切割准则构造的图分割模型如下：

$$\mathrm{cut}(A_1, A_2, \cdots, A_c) = \sum_{k=1}^{c} \sum_{i \in A_k, j \in \bar{A}_k} s_{ij} \tag{2-17}$$

式中，$\bar{A}_k = V \setminus A_k$ 表示集合 A_k 的补集；矩阵 $S = [s_{ij}] \in \mathbb{R}^{|X| \times |X|}$ 表示图 G 的加权邻接矩阵。

超图是比传统图更加泛化的关系类型。传统点边关系组成的图只能表达成对节点间的关系，然而现实生活中存在着三个及以上主体之间的复杂关系，这种关系用传统图难以完整表达，例如，几个作者之间的共著关系，多个知识点之间的共现关系等。对于这种复杂的点边关系，可以用由多个节点构成一条超边的超图来描述。超图 G 可以表示为 $G = (V, E)$，其中 $V = \{v_1, v_2, \cdots, v_n\}$ 表示超图中的 n 个顶点集合，$E = \{e_1, e_2, \cdots, e_m\}$ 表示超图中的 m 个超边集合。e_α 表示超边 α，是一个无序节点集合。$|e_\alpha|$ 为超边 α 的尺寸，即集合中点的个数。当任意超边 α 均符合 $|e_\alpha| = 2$ 时，则超图退化为普通图。

最初采用的超图分割算法是多级超图划分（multilevel hypergraph partitioning，HMETIS）算法[53]，后来研究者分别提出了基于模拟退火优化的超图分割、基于多层概率图、图松弛优化方法等图/超图高维聚类算法，在聚类效果或聚类效率上比 HMETIS 算法有一定的提高。然而，这些超图分割聚类算法只能解决类似客户购买事务数据集的离散型高维数据。对于连续型高维数据，研究者提出了基于图的谱聚类方法，采用一定的相似度计算方法构建高维对象间的连接关系和权重，即权重矩阵，然后利用谱聚类思想进行图分割形成高维聚类结果。其中的权重构建方法有逆欧几里得距离、高斯基函数和 k-最近邻等，这些方法主要以欧几里得距离为基础，虽然一定程度可以实现高维空间的谱聚类，但是受到高维空间"维度灾难"的影响，聚类效果有待提高。

4）基于稀疏特征聚类

针对高维数据的稀疏特征，研究者提出了高维全空间内基于稀疏特征的聚类方法，如稀疏特征聚类（sparse feature clustering，SFC）算法[54]、基于稀疏特征向量的聚类算法（clustering algorithm based on sparse feature vector，CABOSFV）[55]等。

其中，SFC 是一种针对连续属性的两步聚类方法，CABOSFV 是针对二值高维数据的高效聚类算法，并且已经拓展到分类属性聚类，算法提出的集合稀疏特征差异度和集合稀疏特征向量，对数据进行有效精简压缩，通过特有的数据聚类方式获得高效的聚类结果。以实际生产管理过程中高维数据普遍具有的稀疏特征为切入点，基于稀疏特征的聚类方法已在不同类型数据、不完备数据、大规模数据、聚类过程调整、参数自适应等方面拓展与推广。基于稀疏特征的高维稀疏数据聚类的核心思想是从集合的角度定义差异度计算方法，反映一个集合内所有高维稀疏数据对象间的总体差异程度，不需要计算两两对象之间的距离，并且通过对象结合特征向量对数据进行有效压缩精简，保留了高维稀疏数据对象的全部聚类相关信息，在不影响数据质量的情况下，使得数据处理量大规模减少，只需进行一次数据扫描就可以生成聚类结果，聚类过程对类的形状、大小、数目和密度等没有特定要求，聚类结果不受异常值的影响。系列研究成果的重点在于高维数据处理能力，并同时考虑大规模数据处理能力、不同类型数据的处理能力、异常值处理能力、数据输入顺序的独立性、聚类结果的表达与解释、不需要输入参数的要求。

此外，有研究者分别针对不同类型的高维数据分别研究利用聚类频繁模式思想、协同聚类、高斯期望最大化（expectation-maximization，EM）模型、推土机距离（earth mover's distance，EMD）及 k-modes 改进等对高维数据聚类进行了相关研究，提出了相应的方法。

2.1.3　无监督结果评价

由于实际应用产生的许多数据具有未标记的特点，聚类分析这一无监督学习工具被广泛应用于模式识别、客户细分、异常检测和热点话题发现等领域。聚类结果除与数据本身性质有关外，还与一些先验的选择有关，如算法的选择、差异度或相似度的选择、参数的设定等，因此需要对聚类结果的有效性进行判断。聚类有效性评价指标主要有聚类外部有效性评价指标和聚类内部有效性评价指标。

1. 外部有效性评价指标

外部有效性评价指标依靠数据集以外的信息，通过外部信息与聚类结果的匹配程度评价聚类效果。外部信息通常是一种先验结构，以类标签的形式表示。在拥有外部信息的情况下，数据集的类的个数及每个数据对象的正确分类均为已知，因此在这种情况下，评价变得比较简单。通常情况下，外部有效性评价指标主要涉及两类方法：一种是考虑聚类结果中数据对象所在类与外部信息展示的所在类的一致程度，即"原本"在一类的数据对象在聚类结果中在一类中的程度；另一种使用了分类的度量，即使用熵、纯度等概念，衡量聚类结果中每个类中包含"原本"属于一个类的数据对象的程度。常见的外部有效性评价指标有兰德指数（Rand index，RI）

及其改进方法——调整兰德指数（adjusted Rand index，ARI）、标准互信息（normalized mutual information，NMI）及其改进方法——调整互信息（adjusted mutual information，AMI）等。

NMI 指标用来衡量两个数据分布的吻合程度，假设 X 和 Y 是 n 个样本的实际类别和聚类结果分布情况，则 X 和 Y 的 NMI 计算公式如下：

$$\text{NMI}(X,Y) = \frac{\text{MI}(X,Y)}{\sqrt{H(X)H(Y)}} \tag{2-18}$$

式中，$\text{MI}(X,Y)$ 为变量 X、Y 之间的互信息；$H(X)$ 为变量 X 的信息熵。

AMI 定义为下面公式：

$$\text{AMI}(X,Y) = \frac{\text{MI}(X,Y) - E\big(\text{MI}(X,Y)\big)}{\max\big(H(X),H(Y)\big) - E\big(\text{MI}(X,Y)\big)} \tag{2-19}$$

式中，$E\big(\text{MI}(X,Y)\big)$ 为互信息 $\text{MI}(X,Y)$ 的期望。

RI 指标用于衡量原本在同一个类中的样本是否被分到了同一个类，原本不属于同一个类的样本是否被很好地分开。RI 计算公式如下：

$$\text{RI}(X,Y) = \frac{n_1 + n_2}{C_n^2} \tag{2-20}$$

式中，n_1 表示在 X 和 Y 中均属于同一类的数据对的个数；n_2 表示在 X 和 Y 中均不属于同一类的数据对的个数；C_n^2 表示能形成的数据对的总数量。

ARI 定义为下面公式：

$$\text{ARI} = \frac{\text{RI}(X,Y) - E(\text{RI}(X,Y))}{\max(\text{RI}(X,Y)) - E(\text{RI}(X,Y))} \tag{2-21}$$

式中，$E\big(\text{RI}(X,Y)\big)$ 为 $\text{RI}(X,Y)$ 的期望。

拥有外部信息的情况通常只是在实验环境中，在实际应用时，通常缺乏数据结构以外的信息，因此外部有效性评价指标往往没有使用的基本条件。

2. 内部有效性评价指标

在实际应用中，数据特征的未知性导致很难直接选择聚类算法及其参数设置。这种情况下，许多研究者利用聚类内部有效性评价指标来选择最优的聚类结果。

聚类内部有效性评价指标仅通过聚类数据的相关信息来衡量类内紧密度和类间分离度，从而对聚类结果进行评价，不涉及类标签等其他外部信息。已有的相关研究可以分为针对数值属性数据的聚类内部有效性评价指标和针对分类属性数据的聚类内部有效性评价指标。

其中，针对数值属性数据的相关研究较多，比较知名的有 D（Dunn）指标[56]、CH（Calinski-Harabasz）指标[57]、I 指标[58]、DB（Davies-Bouldin）指标[59]和 S（Silhouette）指标[60]等。这些指标都是通过计算数据对象或类中心之间的距离来衡量聚类结果的类内紧密度和类间分离度，能够反映出聚类结果中数据对象之间的微观分布信息，从而产生较为准确的评价结果。特别地，CH 指标、I 指标和 DB 指标通过基于中心的距离评价聚类结果，D 指标和 S 指标通过基于数据对象的距离评价聚类结果。基于中心的距离忽略了聚类中数据对象彼此之间的关系，导致无法准确反映聚类结果的真实分布，因此 CH 指标、I 指标和 DB 指标无法得到准确的聚类评价结果。虽然 D 指标基于数据对象之间的距离进行评价，但仅考虑了聚类结果中较少部分数据对象之间的分布关系，因此也导致 D 指标的聚类评价结果存在缺陷。而 S 指标通过计算每个数据对象与其他数据对象之间的距离来评价聚类结果，尽可能多地反映了聚类结果中的分布信息，因此 S 指标能够得到相比于其他指标更准确的聚类评价结果。

针对分类属性数据的聚类内部有效性评价相关研究较少，已有的指标包括聚类基数指数（cluster cardinality index，CCI）[61]、基于主观因素的分类数据聚类（categorical data clustering with subjective factors，CDCS）[62]、信息熵（information entropy，IE）[63]、类别效用（category utility，CU）[64]和新孔多塞标准（new Condorcet criterion，NCC）[65]等。其中，CCI 和 NCC 通过简单匹配方式衡量类内紧密度和类间分离度，CDCS 和 CU 通过基于概率的方式衡量紧密度和分离度，IE 通过基于熵的方式度量紧密度和分离度。基于简单匹配、概率和熵这三种方式的核心是判断分类属性取值的一致性，这导致已有方法存在两点缺陷：①仅考虑了分类属性取值是否相同，没有考虑不同属性取值之间的关系；②大部分指标只能通过度量某一个类的相似度或差异度来评价聚类结果，无法计算数据对象之间的相似度或差异度。这两点不足导致现有的分类属性数据聚类内部有效性评价指标无法挖掘出聚类结果中比较细节的分布信息，进而得到的聚类评价结果不够准确。

2.1.4　分类属性数据无监督学习过程

分类属性数据作为结构化数据的重要组成部分，如何充分挖掘其属性取值间相关关系，而不是仅判断取值一致性，是一直以来相关研究的难点。以实际决策支持过程中常见的未标记分类属性数据为目标研究对象，沿着决策空间表征、决策分析过程和决策结果评价三个决策支持过程的核心阶段，面向决策支持的分类属性数据无监督学习一般过程包括分类属性数据特征学习、分类属性数据聚类分析和分类属性数据聚类结果评价三个核心内容，如图 2-1 所示。

图 2-1　面向决策支持的分类属性数据无监督学习一般过程

2.2 节～2.4 节将分别介绍分类属性数据无监督特征学习、分类属性数据聚类和分类属性数据聚类结果评价等相关理论与方法。

2.2　分类属性数据无监督特征学习

本节主要对已有研究中以无监督方式学习分类属性数据特征的方法进行系统总结。相关研究主要包括传统编码、相似度矩阵及嵌入表征。

2.2.1　传统编码

分类属性数据的传统编码是指分类属性取值的数值符号化。以人才招聘数据为例，其分类属性"专业"出现"工程"、"科学"和"文科"三个取值，后续基于此例分别介绍三种常用的编码方法。

1. 用数字表示分类属性取值

这是最直接的分类属性数据编码方法，即用数字表示"工程"、"科学"和"文科"，数字选择没有特别的要求，可以选择 0、1、2，也可以选择 10、20、30，只要用不同的数字代表不同的属性取值即可[66]。

这种方式仅实现了分类属性数据的数值化表示，但数字之间仅存在是否一致的关系，不包含数字本身蕴含的顺序关系。对于经验较少的数据工作者，采用这种方式编码分类属性数据，容易出现将编码后数据直接当作数值属性数据处理的错误操作。

2. 独热编码

独热编码是最常用的分类属性数据编码方法，将某一属性转化为长度等于该属性中出现取值个数的向量，向量的一维对应一个属性取值[67]。对于某数据对象，在该属性上编码后的向量仅在对应取值处为 1，其他位置都为 0。如表 2-1 展示了分类属性"专业"的独热编码，分类属性取值"工程"编码为一个三维向量[1, 0, 0]，同理，"科学"和"文科"依次编码为[0, 1, 0]和[0, 0, 1]。将分类属性数据在所有属性上取值的独热编码拼接起来即可组成该分类属性数据的独热编码。

表 2-1　分类属性"专业"的独热编码示例

专业	工程	科学	文科
工程	1	0	0
科学	0	1	0
文科	0	0	1

独热编码虽然可以避免用数字表示分类属性取值这种方式时，缺乏经验的数据工作者容易出现的误操作问题，但其隐含着不同属性取值之间相互独立的假设。然而，实际分类属性数据中不同属性取值之间存在现实含义上的关系。例如，人才招聘数据中"学历"属性的不同取值之间存在明显的顺序关系，"高中""本科""硕士研究生"学历依次递增。若采用独热编码对其进行表征，会丧失"学历"属性不同取值间的顺序关系。并且，分类属性数据独热编码生成的向量维度取决于分类属性数据集中出现的所有属性取值个数，通常会导致编码后的向量维度非常高，引发维度灾难（curse of dimensionality）[68]。

3. 基于频率的编码

这种编码方式放弃了独热编码依赖的分类属性取值之间相互独立的假设，基于属性取值在数据集中出现频率倒数的对数值进行编码[69]。假设共有 100 条人才招聘数据，其中"专业"属性的"工程"取值在数据集中出现了 40 次，则基于频率的"工程"编码为 lg(5 / 2)。

基于频率的编码考虑了分类属性数据中属性取值之间的频次关系，但仍无法反映不同取值实际含义间的关系。

2.2.2　相似度矩阵

基于相似度的方法不直接对分类属性数据进行特征学习，而是通过计算数据对象之间的相似度，输出相似度矩阵，服务于以相似度或差异度矩阵为基本输入的挖掘方法。

最常见的相似度矩阵计算方法是比较分类属性取值的一致性，若取值相同，则相似度为 1，否则相似度为 0。这种方法隐含了分类属性取值之间相互独立的假设，未能反映属性取值间的真实关系。

一些研究在计算分类属性取值相似度中考虑了不同取值之间的关系。一种计算同一属性的两个属性值之间距离的方法（an algorithm to compute distance between two attribute values of same attribute，ALGO_DISTANCE）基于条件概率计算两个分类属性取值间差异度，考虑了不同属性间取值的关系[70]。分类属性距离学习（distance learning for categorical attributes，DILCA）方法采用特征选择方法通过考虑不同属性间取值关系，计算分类属性取值的差异度[71]。一种新的用于分类数据无监督学习的距离度量（a new distance metric for the unsupervised learning of categorical data，DM）方法依据分类属性取值的出现频率以及具有高度依赖性的其他取值关系计算同一分类属性中两个取值的差异度[72]。

大多数已有针对分类属性数据的相似度度量方法，考虑了属性间关系，放弃了传统编码方法主要依赖的分类属性取值独立性假设，对分类属性数据特征学习相关研究具有较明显的推进意义。然而，这种方式仅能输出相似度矩阵，无法获得每条数据对象的表征，只可应用于以相似度矩阵为输入的数据挖掘任务，在实际决策支持中存在较大的适用范围限制。

2.2.3　嵌入表征

基于嵌入的方法是指将分类属性数据"嵌入"到低维连续空间中，得到类似于数值属性数据的表征，这种嵌入表征不仅具有数值属性数据可微且可进行代数运算的优秀性质，还能够反映原始分类属性数据集中的潜在特征。

耦合数据嵌入（coupled data embedding，CDE）[73]是近年来较为经典的分类属性数据嵌入表征方法，该方法利用度量学习（metric learning）[74]挖掘属性取值间关系，并且在特征学习过程中引入了聚类算法，基于属性取值关系对其进行聚类。增强的分类数据嵌入（enhanced categorical data embedding，CDE ++）[75]方法是 CDE 方法的进一步改进，该方法采用互信息和边际熵获取分类属性取值间关系，并且通过设计一种混合聚类策略来捕获不同类型的分类属性取值类，再利用自动编码器[76]获取低维稠密的向量表示。无监督异构耦合学习（unsupervised heterogeneous coupling learning，UNTIE）方法[77]构建了一个浅层模型，利用频率表示分类属性内不同取值间关系，并基于条件概率反映的共现情况表示分类属性间不同取值的关系，再通过 k-means 聚类算法挖掘这些关系之间的异质性从而获得分类属性数据的嵌入表征。MoreCatch[78]是一个模型感知（model-aware）的分类属性数据特征学习方法，能够同时实现分类属性取值到数据对象映射关系的学习，以及后续数据挖掘任务的优化，文章中给出后续任务为支持向量机（support vector machine，SVM）[79]的分类属性数据特征学习具体实例。Zhang 等[80]的方法基于分类属性取值间的关系和类标签信息，学习数据对象对的距离，进而获得分类属性数据的嵌入表征。

已有的基于嵌入的分类属性数据特征学习相关研究考虑了分类属性间和属性内的取值间关系，相比于上述两类方法具有明显优势。与传统编码方法相比，能够更准确地反映分类属性数据集中的潜在特征；与基于相似度的方法相比，能够输出每个数据对象的低维表征，而不仅是相似度矩阵。

然而，已有的基于嵌入的方法仍存在以下不足。

（1）特征学习中引入了聚类过程，学习结果受到聚类算法选择及聚类参数设置的影响。CDE、CDE ++和 UNTIE 方法中都存在聚类过程，这使得分类属性数据的特征学习结果受到聚类效果的影响，并且聚类分析作为一个完整的数据挖掘过程，存在于特征学习任务中，使得这些方法的应用不够轻便和稳定。

（2）特征学习过程需要利用数据标签等外部信息，不适用于决策支持中常面临的未标记数据。MoreCatch 方法的实例模型是基于 SVM 这种需要类标签的有监督挖掘任务，Zhang 等[80]的方法在特征学习过程中利用类标签以获得更加准确的分类属性数据嵌入表征。实际决策支持过程面临的分类属性数据大多具有未标记特征，这类需要外部标签信息的特征学习方法不符合实际决策支持中对未标记数据处理能力的需求。

2.3　分类属性数据聚类

聚类是基于未标记数据决策分析过程中的重要工具，聚类分析的效果直接影响决策支持过程的科学性和合理性。本节针对实际决策支持过程中常面临的未标记分类属性数据，介绍已有的分类属性数据聚类相关研究，主要分为两类：分割聚类和层次聚类。

2.3.1　分割聚类

已有的大多数分类属性数据聚类分析相关研究都是分割聚类。其中最具代表性的是 k-modes 聚类算法，该算法是将 k-means 聚类算法的思想应用于分类属性的情况，其采用简单匹配度量分类属性数据的相似性。简单匹配的本质是比较分类属性取值的一致性，若取值相等，则相似度为 1 或差异度为 0，若取值不等，则相似度为 0 或差异度为 1。除了简单匹配这种度量分类属性数据间关系的方式之外，常见的还有基于熵的方法、基于概率的方法、基于粗糙集的方法以及基于类中分类属性取值总体分布（简称总体分布）的方法。

下述将依据分类属性数据间关系的不同度量方法分别介绍已有的分类属性数据聚类方法。

1. 基于简单匹配的分类属性数据聚类方法

简单匹配是最直接的分类属性数据间关系的度量方法。设 $X = \{x_1, x_2, \cdots, x_n\}$ 是 n 个对象组成的数据集，每一个对象有 m 个分类属性，其中第 i 个对象表示为 $x_i = \{x_{i1}, x_{i2}, \cdots, x_{im}\}$，则两个对象 x_i 和 x_j 的距离计算公式如式（2-22）所示：

$$d(x_i, x_j) = \sum_{l=1}^{m} \delta(x_{il}, x_{jl}) \tag{2-22}$$

式中

$$\delta(x_{il}, x_{jl}) = \begin{cases} 0, & x_{il} = x_{jl} \\ 1, & x_{il} \neq x_{jl} \end{cases} \tag{2-23}$$

k-modes 聚类算法基于简单匹配，通过计算类中各属性的取值众数确定类中心，成功将针对数值属性数据的 k-means 聚类算法扩展到分类属性数据聚类中。

k-modes 聚类算法的基本步骤如下。

步骤 1：给定含有 n 个变量的数据集和聚类数 k。

步骤 2：随机选择 k 个变量作为初始类中心。

步骤 3：计算所有对象与上述 k 个初始类中心的距离度量，之后将每个对象分配到与其距离度量最小的那个类当中，得到 k 个类。

步骤 4：计算每个类的众数。即在每个类别的各种属性中，选择一个类别中比例最大的一种属性值来作为新的类中心的一个属性值，从而获得新的 k 个聚类中心。

步骤 5：返回到步骤 3，直到每个类的类中心不再发生改变为止。

模糊 k-众数（fuzzy k-modes）[81]是 k-modes 方法的模糊版本，其通过生成类别模糊划分矩阵，为不同类分配模糊隶属度，实现数据对象的软划分。为解决 k-modes 和 fuzzy k-modes 聚类分析结果容易陷入局部最优解的问题，文献[82]在 fuzzy k-modes 和 k-prototypes 方法的基础上，提出一种基于禁忌搜索的聚类算法，以寻求分类属性数据聚类的全局最优解。k-populations 方法[83]针对传统 k-modes 方法确定类中心时采用硬决策策略存在的信息丢失问题，提出软决策策略，基于数据集总体的中心确定类中心，尽可能在最终决策之前保留数据集中潜在的不确定性。

2. 基于熵的分类属性数据聚类方法

熵是一种自然和直观的关联记录方式，基于熵的分类属性数据聚类方法主要有 COOLCAT[63]、k-entropy[84]、k-CUBAGE[85]等。这类方法借用了信息论思想，通过度量类中分类属性取值的不一致程度，反映类中所有属性上取值的纯度。

COOLCAT 旨在最小化类的期望熵，基本思想是：相似类比异类具有更小的熵值。该方法的主要过程为：通过熵度量分类属性数据间的差异度，使用最大最小熵方法从数据集中找到差异最大的多个数据对象作为初始类中心；然后增量式处理剩余样本，通过计算样本放置到不同聚类中的期望熵，取得其最适合的聚类。

k-entropy 提出了一种基于熵的相似系数，提升了传统 k-modes 方法的聚类效果。设 $X = \{x_1, x_2, \cdots, x_n\}$ 是 n 个对象组成的数据集，每一个对象有 m 个分类属性，其中第 i 个对象表示为 $x_i = \{x_{i1}, x_{i2}, \cdots, x_{im}\}$，第 l 个属性的取值集合表示为 $a_l = \{v_1, v_2, \cdots, v_k\}$，属性取值 v_q 在第 l 个属性中出现的概率记为 $p(v_q)$。两个对象 x_i 和 x_j 基于熵的相似系数计算方式如下：

$$\mathcal{R}(x_i, x_j) = \sum_{l=1}^{m} \delta(x_{il}, x_{jl}) \tag{2-24}$$

式中

$$\delta(x_{il}, x_{jl}) = \begin{cases} 1 - \dfrac{1}{\lg k} En(x_{jl}), & x_{il} = x_{jl} \\ 0, & \text{其他} \end{cases} \qquad (2\text{-}25)$$

$$En(x_{jl}) = -\sum_{q=1}^{k} p(v_q) \lg(p(v_q)) \qquad (2\text{-}26)$$

k-CUBAGE 方法提出了一种无原型的划分式聚类迭代方法，并构建了新的目标函数：基于类间分离信息增益的聚类有效性（clustering utility based on the averaged information gain of isolating each cluster，CUBAGE）内部评价指标，兼顾类内紧密度和类间分离度，解决了传统聚类方法存在的丢失类信息及目标函数对聚类结果评价能力不足的问题。

3. 基于概率的分类属性数据聚类方法

基于概率的分类属性数据聚类方法通过计算概率衡量某一属性在类中的取值分布情况，反映类中分类属性数据整体的相似度或差异度。Cao 等[86]基于类中分类属性取值的出现概率，定义了数据对象的平均密度，并提出一种新的考虑分类属性数据间密度的类中心初始化方法。类别的子空间聚类（subspace clustering of categories，SCC）方法[87]基于概率定义了分类属性数据与类的距离，并通过最小化数据对象到类的距离和完成聚类划分。

4. 基于粗糙集的分类属性数据聚类方法

基于粗糙集的分类属性数据聚类方法通过利用粗糙集理论度量类中分类属性取值分布的不确定性。最小-最小-粗糙度（min-min-roughness，MMR）聚类方法[88]基于粗糙集理论，使得聚类过程具有了处理分类属性数据中潜在不确定性的能力。Cao 等[89]基于粗糙隶属函数，定义了一种新的分类属性数据差异度度量，这种度量能够考虑分类属性取值在整个数据集中的分布情况，提高了传统 k-modes 聚类的准确性。

5. 基于总体分布的分类属性数据聚类方法

基于总体分布的分类属性数据聚类方法本质上与基于熵、概率和粗糙集的方法一致，都是考虑类中分类属性取值的总体分布情况，主要区别在于未显式地利用熵、概率和粗糙集这些已有概念。基于摘要的分类数据聚类（categorical data clustering using summaries，CACTUS）算法[90]通过从分类属性数据集中总结出包含全部有效信息的概括数据，减少了数据处理量，并且证明基于概括数据足以发现表现优秀的聚类结果。斜率聚类（clustering with slope，CLOPE）算法[91]通过构建一种全局寻优的目标函数，增强类内数据对象的紧密程度，实现了更好的聚类效果。k-簇集中强度向量（k-strength of concentration vector for a cluster，k-SV）

的聚类算法[92]通过定义强度向量反映类中分类属性取值的强度，以表示聚类过程中聚成的类，并基于 k-modes 聚类框架完成聚类划分过程。

2.3.2　层次聚类

相比于分割聚类，基于层次的分类属性数据聚类相关研究较少。已有研究中主要采用简单匹配、熵和总体分布的方法衡量分类属性数据间关系。

基于链接的稳健聚类（robust clustering using link，ROCK）算法是经典的针对分类属性数据的层次聚类方法，其基于简单匹配通过定义链接（link）这一概念度量分类属性数据间的相似性。ROCK 算法引入了邻居的概念，如果两个样本点的相似度达到了阈值，这两个样本点就是邻居。如果两个样本点有共同的邻居，则它们之间产生了链接。如果两个点不仅它们本身相似，而且它们的邻居也相似，则这两个点可能属于同一个类，因此被合并。ROCK 算法遵循的原则是：类之间的链接数量最小，而类内的链接数量最大，即保证类内尽量相似、类间尽量不相似。

面向分类数据的分裂层次聚类算法（divisive hierarchical clustering algorithm for categorical data，DHCC）[93]是一种基于多重对应分析（multiple correspondence analysis，MCA）的分类属性数据分解型层次聚类方法，该方法无须预先给定任何参数。平均增益比（mean gain ratio，MGR）[94]基于信息论基本思想，利用熵进行属性选择，构建了一种针对分类属性数据的分解型层次聚类方法。Wei 等[95]针对分类属性数据构建了一种基于特征选择的层次聚类统一框架。

受制于层次聚类框架逐层聚结或逐层分解的限制，大多数层次聚类方法的计算效率低于分割聚类方法，并且层次聚类中聚结或分解操作完成后，通常需要确定某种标准以选择最佳的层作为最终聚类结果。

2.3.3　聚类方法分析

分类属性数据无法像数值属性数据那样计算数据对象间距离，而距离是计算密度的基础，因此针对分类属性数据的聚类分析研究中较少采用基于密度的方法。

表 2-2 总结了分类属性数据聚类分析的部分相关研究，其中"备注"列标注了聚类分析过程中度量分类属性数据间关系时采用的方法。

表 2-2　分类属性数据聚类分析部分研究汇总

类型	方法	年份	备注
分割聚类方法	k-modes	1998	简单匹配
	fuzzy k-modes	1999	简单匹配
	CACTUS	1999	总体分布

续表

类型	方法	年份	备注
分割聚类方法	COOLCAT	2002	熵
	CLOPE	2002	总体分布
	k-populations	2005	简单匹配
	MMR	2007	粗糙集
	Cao 等[86]	2009	概率
	Cao 等[89]	2012	粗糙集
	k-entropy	2015	熵
	SCC	2016	概率
	k-CUBAGE	2019	熵
	k-SV	2019	总体分布
层次聚类方法	ROCK	1999	简单匹配
	MCA	2009	简单匹配
	MGR	2014	熵
	Wei 等[95]	2019	总体分布

基于上述分类属性数据聚类方法相关研究介绍，总结已有分类属性数据聚类分析方法的不足之处如下。

（1）基于简单匹配、熵、概率、粗糙集和类中分类属性取值总体分布几种方式衡量分类属性数据间关系，无法有效反映实际数据中不同分类属性取值现实含义之间的关系，影响分类属性数据聚类分析结果的准确性，导致不能为面向分类属性数据的管理决策过程提供科学支持。

（2）受限于分类属性数据不可微且不可进行代数运算的性质，无法将其直接应用于当前快速发展的深度学习模型中，限制了分类属性数据聚类分析效果的进一步提升，导致决策支持过程中处理未标记的分类属性数据时，仅能选择少数且挖掘效果有限的分析方法。

2.4　分类属性数据聚类结果评价

决策结果评价是决策支持过程的重要程序，用于明确决策分析结果的准确性。聚类结果评价是聚类分析任务的关键步骤，评价待分析数据聚类结果的有效性。按照评价过程是否利用真实类标签等外部信息，将聚类结果评价指标分为聚类外部有效性评价指标[96]（利用外部信息，简称外部指标）和聚类内部有效性评价指标[97]（未利用外部信息，简称内部指标）两大类。

考虑到实际决策支持过程面临的数据大多具有未标记特点，本节针对分类属性数据聚类内部有效性评价指标的相关研究进行综述，从已有研究中提出的分类属性数据聚类内部有效性评价指标以及如何验证内部指标的聚类评价结果准确性两方面展开介绍。

2.4.1　内部有效性评价

本小节首先明确利用内部指标评价聚类结果的基本思路，接着介绍已有研究中提出的用于分类属性数据聚类结果评价的内部指标，最后总结已有相关研究所提指标的特点和不足之处。

1. 内部指标评价聚类结果的基本思路

内部指标主要从聚类结果的类内紧密度（compactness of intra-cluster）和类间分离度（separation of inter-cluster）两方面评价其有效性[98]，评价过程仅依据聚类结果本身，不涉及数据实际类标签等其他外部信息。类内紧密度指被划分到同一类别中数据的相似程度，类内紧密度越高，意味着同一类中数据越相似，聚类分析效果越好。类间分离度指被划分到不同类中数据的差异程度，类间分离度越高，表示不同类间的数据差异越大，聚类效果越好[99]。

内部指标评价聚类结果的基本思路与实际决策支持过程分析数据的基本需求是一致的。面对大量未标记的待分析数据时，采用聚类分析方法希望能够基于数据本身的潜在特征，自动化地将其划分为不同类别，同类数据耦合程度较高，具有高度相似或相关性，不同类数据耦合程度较低，差异性较大或相关性较低。

2. 已有研究中的分类属性数据内部指标

针对数值属性数据的内部指标相关研究较为充分，而以分类属性数据为目标的内部指标研究虽然已取得一定成果，但仍有待进一步探索。

当前常见的分类属性数据内部指标包括 CCI 指标、CDCS 指标、IE 指标、CU 指标和 NCC 指标。

CCI 指标基于分类属性取值是否一致，也称简单匹配，通过计算某属性在类中出现取值的纯度，以及度量聚类结果中类的差异性，来反映聚类结果的优劣，CCI 指标值越小，表示聚类结果越优秀。CDCS 指标依据同一类中所有属性的属性取值最大概率之和度量聚类结果的类内紧密度，通过不同类在同一属性上相同取值的最小概率反映类间分离度，越大的 CDCS 指标值代表越出色的聚类结果。IE 指标基于信息熵理论评价分类属性数据的聚类结果，基本思想是同一类中数据对象越相似，其熵应该越小，IE 指标仅衡量了聚类结果的类内紧密度，未考虑类间分离度，其取值越小，意味着被划分到同一类中的数据对象越相似，聚类效果越好。CU 指标通过度量同一类中属性取值的一致性，反映类中数据对象的相似程度，与 IE 指标类似，CU 指标也仅考虑了聚类结果的类内紧密度，CU 指标取值越大，代表聚类结果越优秀。NCC 指标采用简单匹配方法，通过比较同一类中两两数据对象在所有属性上取值的一致性度量类内紧密度，基于不同类中数据对象对在每个属性上取值的差异反映类间分离度，较大的 NCC 指标值表示较优的聚类效果。

3. 已有分类属性数据内部指标的特点和不足

图 2-2 绘制了已有研究中所提分类属性数据内部有效性评价指标的特点和不足。基于上述关于已有分类属性数据内部指标的介绍，可以总结出当前研究的如下特点。

（1）本质上基于分类属性取值是否相等来度量聚类结果的类内紧密度和类间分离度。CCI 和 NCC 指标采用简单匹配方法直接比较属性取值的一致性，CDCS 和 CU 指标基于概率衡量某一类中属性取值的纯度情况，IE 指标直接利用信息熵思想，通过计算熵反映类中属性取值的差异状况。从本质上来说，基于简单匹配、概率或熵的方法都是通过判断属性取值是否相等来计算的。

（2）多数指标仅衡量类中数据对象整体的相似度或差异度，未考虑两两数据对象之间的关系。CCI、CDCS、IE 和 CU 指标都是通过度量聚类结果中类整体的相似度或差异度来反映聚类结果的有效性，只有 NCC 指标比较了两两数据对象对之间的关系，但比较中仅采用了简单匹配这种较为粗略的方式。

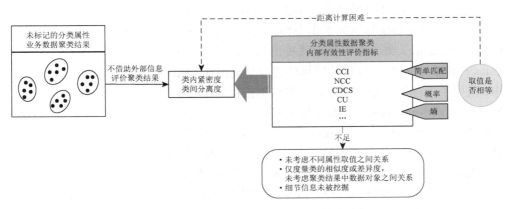

图 2-2　已有研究中分类属性数据聚类内部有效性评价指标的特点和不足

基于上述特点，总结出已有的分类属性数据内部指标的不足之处如下。

（1）仅基于分类属性取值的一致性评价聚类结果，未考虑不同属性取值之间的关系。已有相关研究中虽然采用了简单匹配、概率和熵等多种不同方式度量分类属性数据间的相似度或差异度，但这些方式的本质都是比较分类属性取值是否相同，导致聚类结果评价过程中未能考虑分类属性数据中不同属性取值间的实际关系，影响评价结果的准确性。

（2）基于类整体的相似度或差异度来评价聚类结果，未挖掘聚类结果中数据对象之间更加细节的分布信息。大多数分类属性数据内部指标通过计算类的相似度和差异度衡量聚类结果有效性，这种方式的评价粒度较粗，无法反映聚类结果中数据对象彼此之间的具体分布关系，导致聚类评价结果不够准确。

2.4.2　评价有效性的验证

验证内部指标对聚类结果评价的准确性是决策结果评价的重要研究内容。对于以内部指标为研究对象的相关工作来说，提出一个新的内部指标后，需要采用成熟的验证方法验证所提指标对聚类结果评价的准确性。当前，内部指标相关研究中采用的验证方法主要分为两类：基于外部指标的验证方法和基于聚类个数的验证方法[100]。

1. 基于外部指标的验证方法

基于外部指标的验证方法是最常用的内部指标验证方法。基本验证思路为：给定基于同一数据集的多个聚类结果，使用内部指标对其依次进行评价并选择出最优结果，再利用外部指标衡量内部指标选中聚类结果类标签与数据集实际类标签的一致性，一致性程度越高，意味着该内部指标能够从多个聚类结果中正确识别出最优结果，因此可以认为内部指标的评价结果越准确。

绝大多数内部指标研究工作中都采用了外部指标这种验证方式。Xie 等[101]利用 F（f-measure）外部指标评价其提出的内部指标；Hu 等[102]采用了 CI（centroid index）和 P（purity）两种外部指标进行验证；在 Gao 等[99]的内部指标研究工作中，采用了 7 种外部指标验证其提出内部指标的准确性，包括 A（accuracy）、ARI、F、M（micro-p）、NMI、P 和 RI；Fu 等[103, 104]在其两项内部指标相关研究中分别利用 NMI 和 A 进行验证；Cheng 等[105]在其工作中采用了 A 外部指标；Gao 等[106]基于 ARI 和 NMI 外部指标验证其研究工作中提出内部指标的聚类结果评价准确性；Kim 等[107]在其研究中采用了 BA（balanced accuracy）和 BCR（balanced correction rate）两种外部指标；Zhao 等[108]基于 A、ARI 和 NMI 三种常用外部指标验证其构建的内部指标对聚类结果的评价准确性。

考虑到外部指标的本质是度量两组类标签的一致性程度，不同的外部指标可能会得到不同的一致性度量结果，为增强对内部指标评价准确性验证结果的说服力，建议采用多个外部指标进行实验验证。也有工作针对不同情况下外部指标对内部指标的验证能力进行过研究[100]，但该工作主要基于数值属性数据进行讨论，对本书关注的分类属性数据来说参考意义不大。

2. 基于聚类个数的验证方法

基于聚类个数验证内部指标评价准确性的基本假设是，最优聚类结果的类别数等于数据集真实类别数。其验证过程基本思路为：给定基于同一数据集的多个聚类结果，不同聚类结果的类别数不同，使用内部指标依次评价其有效性并选择最优聚类结果，通过判断内部指标选出的聚类结果类别数与真实类别数是否一致，衡量内部指标的评价准确性。若内部指标能够识别出正确类别数对应的聚类结果，则认为该指标具有准确的聚类结果评价能力。

仅有较少的内部指标相关研究采用聚类个数这种方法验证其评价能力。Zhou 等[109]和 Thomas 等[110]在其研究中仅采用聚类个数一种方法进行验证；Xie 等[101]、Cheng 等[105]和傅立伟等[103]在其内部指标研究工作中同时使用了聚类个数和外部指标两种验证方法。可以看到，相比于基于外部指标的验证方法，采用聚类个数验证方法的内部指标相关研究较少，且其中部分研究同时采用了两种验证方式。

基于聚类个数验证方法的基本假设并不总是成立。已有研究证明，在某些情况下，聚类数量不等于真实类别数时，聚类结果与数据集真实类别划分的一致性程度可能大于聚类数量等于真实类别数时的一致性程度[111]。这意味着聚类个数正确，并不能代表聚类效果一定出色。

结合上述仅有少部分内部指标相关研究采用了基于聚类个数的验证方法，表明大多数研究者都认同基于外部指标的验证方法更为科学合理。此外，基于外部指标的方法能够输出定量的验证结果，基于聚类个数的方法仅能输出定性的验证结果。因此，采用多个外部指标综合验证内部指标对聚类结果的评价能力是一种可信的验证方法。

2.5　本 章 小 结

本章首先对无监督学习基础理论进行系统概述，然后沿着决策空间表征、决策分析过程和决策结果评价三个决策支持过程的核心阶段，概述与分类属性数据相关的无监督特征学习、聚类分析以及聚类结果评价等理论和方法。

（1）系统总结了伪类标签生成、子空间聚类和稀疏模型等无监督特征学习方法，一些传统的聚类方法及高维空间聚类等无监督分析过程，以及聚类外部有效性评价指标和聚类内部有效性评价指标两类无监督结果评价方法。

（2）分类属性数据无监督特征学习将具有分类属性特点的待分析数据映射到决策任务目标空间中，使得映射后的数据表征不仅保留原始数据集潜在特征，还能更好地服务于目标决策任务。相关研究可以分为传统编码、相似度矩阵及嵌入表征三种类型。

（3）分类属性数据的决策分析基于决策空间中的数据表征，采用无监督数据挖掘方法从中挖掘出有用知识。聚焦于聚类分析这种常用的无监督学习方法，将分类属性数据划分到不同类中，以发现不同类中数据特点，支持管理决策过程。已有分类属性数据的聚类分析方法主要有分割聚类和层次聚类。分类属性数据无法像数值属性数据那样计算数据对象间距离，而距离是计算密度的基础，因此针对分类属性数据的聚类分析研究中较少采用基于密度的方法。

（4）基于分类属性数据的决策结果评价，针对分类属性数据的决策分析结果，定量评价其有效性，保证管理者依据科学的分析结果开展管理决策过程。按照评价过程是否利用真实类标签等外部信息，将聚类结果评价指标分为聚类外部有效性评价指标和聚类内部有效性评价指标两大类。考虑到实际决策支持过程面临的数据大多具有未标记特点，系统阐述了已有研究中提出的分类属性数据聚类内部有效性评价，以及如何验证内部有效性评价结果准确性。

第 3 章 深度无监督学习

深度学习的最早研究是由感知机发展而来的，2006 年 Hinton 等[112]提出深度信念网络和有效的贪婪逐层预训练方法，近年来受到许多研究者的关注，被成功应用于众多领域。深度学习是具有多个层次的特征学习方法，通过组合简单的非线性模块，从原始输入开始逐层转换为更抽象的高层次表征[113]。本章系统阐述深度无监督学习相关研究，包括深度无监督特征学习、深度聚类和网络嵌入。

3.1 深度无监督特征学习

采用无监督方式训练深度学习模型有两个优势：一是可以利用实际应用中大量且易获得的未标记数据；二是通过堆叠特征表示层能够对数据中的复杂结构进行建模。目前，深度无监督特征学习方法主要针对图像、文本、声音等非结构化数据，可以分为三类：重构模型、生成模型和自监督学习模型。

3.1.1 重构模型

重构模型是最常用的深度无监督特征学习模型，它将原始数据非线性映射到潜在特征空间中，再重构潜在特征至原始特征空间中得到重构表征，通过最小化原始数据与重构表征之间的差异来训练模型。常见的重构模型包括自动编码器（autoencoder，AE）[114]、卷积自动编码器（convolutional autoencoder）[115]、收缩自动编码器（contractive autoencoder）[116]、降噪自动编码器（denoising autoencoder）[117]和稀疏自动编码器（sparse autoencoder）[118]。另外通过引入常用的正则化项，如 Frobenius 范数和稀疏性限制，可以学习到更加鲁棒的表征[119]。

1. 自动编码器

自动编码器通常包括两部分：编码器和解码器。编码器将高维输入样本映射到低维抽象表示，实现样本压缩与降维；解码器则将抽象表示转换为期望输出，实现输入样本的复现。自动编码器的基本结构如图 3-1 所示，编码器将输入 X 映射为中间的隐藏表示 H，解码器将潜在表示 h 映射为重构表示 $\hat{X}$。

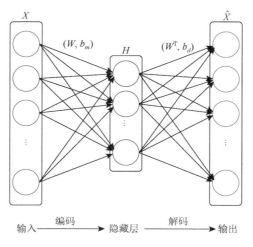

图 3-1　自动编码器基本结构

假设给定输入样本 $x \in \mathbb{R}^{d \times n}$，编码层与输入层间的权重矩阵为 W，编码层节点偏置为 b_m，解码器偏置为 b_d，节点激活函数为 $g(\cdot)$，自动编码器首先通过线性映射和非线性激活函数完成对样本的编码。

$$H = g(WX + b_m) \tag{3-1}$$

然后，编码器完成对编码特征的解码，得到输入样本的重构 $\hat{X}$。当给定编码 H 时，$\hat{X}$ 也可以看作对 X 的预测，与 X 的维度相同。解码过程与编码过程类似：

$$\hat{X} = g(W^{\mathrm{T}} H + b_d) \tag{3-2}$$

在自动编码器中，损失函数通常可取平方误差损失函数或交叉熵损失函数。对于输入样本 $X = \{x_i \in \mathbb{R}^d\}_{i=1}^n$ 与重构 $\hat{X} = \{\hat{x}_i \in \mathbb{R}^d\}_{i=1}^n$，平方误差与交叉熵损失函数分别为

$$J(X, \hat{X}) = \sum_{i=1}^n \left\| \hat{x}_i - x_i \right\|_2^2 \tag{3-3}$$

$$J(X, \hat{X}) = -\sum_{i=1}^n \left(x_i \ln(\hat{x}_i) + (1 - x_i) \ln(1 - \hat{x}_i) \right) \tag{3-4}$$

自动编码器通常利用梯度下降算法，反向传播误差以调整网络参数，通过迭代微调逐步使重构误差函数达到最小值，以学习样本数据中的关键抽象特征。

2. 自动编码器的改进方法

1）堆栈自动编码器

堆栈自动编码器（stacked autoencoder）将多个自动编码器进行级联，采用逐层贪婪训练方式。如图 3-2 所示，有 h 个自动编码器，将下一级自动编码器的隐

藏层输出作为上一级自动编码器的输入，进行层次化特征提取，使最终提出的特征更具代表性，且维数通常较低。然而，若堆叠的层次较多，对其进行无监督训练较为困难。

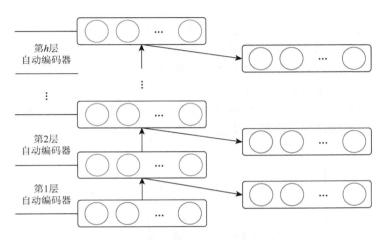

图 3-2　堆栈自动编码器基本结构

2）卷积自动编码器

传统自动编码器通常采用全连接层，这会造成图像空间信息的损失，而卷积自动编码器采用卷积层与池化层取代全连接层，以更好地保留图像的空间信息。在卷积自动编码器中，编码过程由卷积层和池化层（下采样层）组成，解码过程由上采样层和卷积层组成，其中上采样层为池化层的逆过程。

假设 X 表示输入样本，W_k 与 b_k 分别表示第 k 个卷积核的权重与偏置，$*$ 表示卷积运算，$g(\cdot)$ 表示池化函数，h_k 表示第 k 个卷积核所提取的抽象特征，则卷积自动编码器的编码过程为

$$h_k = g(W_k * X + b_k) \tag{3-5}$$

假设 W_k' 与 b_k' 分别表示解码器中第 k 个卷积核的权重与偏置，$g'(\cdot)$ 表示上采样函数，H 表示集合抽象特征，则解码过程为

$$\hat{X} = \sum_H W_k' * g'(h_k) + b_k' \tag{3-6}$$

解码器将各个卷积核提取的抽象特征进行解码重构，并将其合并为最终的重构样本。

卷积自动编码器的损失函数与传统正则化自动编码器相同，具体可表示为

$$J_{\mathrm{conv}}(W,b) = J(X,\hat{X}) + \lambda \left| W \right|_2^2 \tag{3-7}$$

式（3-7）中等号右边第二项为权重 L_2 范数正则化项，参数 λ 用来控制正则化的强度，一般取 0～1。权重衰减项用于控制权重的衰减程度，以降低噪声影响，提升网络的泛化性能，并改善过拟合现象。

3）降噪自动编码器

为避免传统自动编码器学习到无编码功能的恒等函数，降噪自动编码器在自动编码器的基础上引入了退化过程，也就是对于每一个输入样本，按照一定比例将其特征值置为 0 或其他值，这个比例被称为退化率。在退化过程中对输入样本添加噪声，以改变输入样本的数据分布，而后通过训练重构无噪声的样本，防止自动编码器简单地将输入复制到输出，迫使自动编码器提取的抽象特征更加反映样本本质、更具鲁棒性。降噪自动编码器的基本结构如图 3-3 所示。

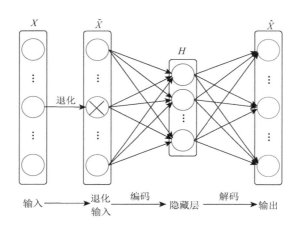

图 3-3　降噪自动编码器基本结构

降噪自动编码器加入退化过程的自然原理是人眼在看物体时，如果物体某一小部分被遮住了，人眼依然能将其识别出来。该现象说明人所带有的"生物"自动编码器所提取的特征更具有代表性与鲁棒性，对于输入中含有一定噪声的样本数据，它经过编码、解码后仍能得到纯净无噪的样本。这要求自动编码器不仅要有编码功能，还要有去噪作用。然而，对于含有噪声的样本，传统的自动编码器只能重构含有噪声的输入样本。降噪自动编码器虽然能够在一定程度上克服输入样本中存在的噪声干扰，但它引入了额外的退化过程，增加了模型的训练时间，并且算法对退化率敏感，过小的退化率难以有效提升算法性能，而过大的退化率会使输入样本严重失真，降低算法性能。

4）稀疏自动编码器

稀疏自动编码器在自动编码器中添加稀疏性限制，以发现样本中的特定结构，避免网络学习到的特征仅仅是原始输入的恒等表示。在稀疏自动编码器中，稀疏性限制迫使隐藏层节点大部分时间被抑制，即隐藏层节点输出接近于 0（因激活函数不同而不同），使网络仅依赖少量隐藏层节点进行编码和解码，提取到的特征稀疏性更强。

稀疏性限制需要在损失函数上添加关于激活度的正则化项，对过大的激活度加以惩罚，以降低隐藏层节点激活度。通常采用 L_1 范数或 KL 散度（Kullback-Leibler divergence）正则化项。

当采用 L_1 范数正则化项时，给定 $a_j(x_i)$ 表示隐藏层节点 j 对输入 x_i 的激活值，λ 表示控制惩罚程度的 L_1 正则化系数，则稀疏自动编码器的损失函数为

$$J_{\text{sparse}}(W,b) = J(X,\hat{X}) + \lambda \sum_{i,j} \left| a_j(x_i) \right| \tag{3-8}$$

当采用 KL 散度正则化项时，给定稀疏性参数 ρ（通常为一个较小的值，如 $\rho = 0.05$），隐藏层节点 j 的平均激活度记为 $\hat{\rho}_j$，KL 正则化系数为 β，稀疏自动编码器的损失函数为

$$J_{\text{sparse}}(W,b) = J(X,\hat{X}) + \beta \sum_{j=1}^{m} \text{KL}(\rho \| \hat{\rho}_j) \tag{3-9}$$

式中，$\hat{\rho}_j$ 计算公式为

$$\hat{\rho}_j = \frac{1}{n} \sum_{i=1}^{n} \left(a_j(x_i) \right) \tag{3-10}$$

KL 散度计算公式为

$$\text{KL}(\rho \| \hat{\rho}_j) = \rho \ln \frac{\rho}{\hat{\rho}_j} + (1-\rho) \ln \frac{1-\rho}{1-\hat{\rho}_j} \tag{3-11}$$

KL 散度随着 ρ 与 $\hat{\rho}_j$ 之间差的增加而单调递增，这使稀疏自动编码器的训练会强迫隐藏层节点的平均激活度 $\hat{\rho}_j$ 接近 ρ，更多的节点激活度接近 0，以增强所提取特征的稀疏性。

与其他自动编码器相比，稀疏自动编码器能够有效学习重要特征，抑制次要特征，提取的抽象特征维度更低，更具稀疏性。但稀疏自动编码器无法指定特定节点处于激活或抑制状态，且稀疏性参数的设置缺乏指导，通常需要额外的参数影响实验进行确定。

5）收缩自动编码器

收缩自动编码器在传统自动编码器的基础上，通过在损失函数上添加收缩正则化项，迫使编码器学习到有更强收缩作用的特征提取函数，提升对输入样本小扰动的鲁棒性，防止对恒等函数的学习。

收缩正则化项是关于输入的隐藏层表达的雅可比矩阵的 Frobenius 范数，具体表示为

$$\left| J_f(x) \right|_{\mathrm{F}}^2 = \sum_{i,j} \left(\frac{\partial h_j(x)}{\partial x_i} \right)^2 \tag{3-12}$$

假设收缩正则化系数为 λ，收缩自动编码器的损失函数为

$$J_{\mathrm{cont}}(W,b) = J(X,\hat{X}) + \lambda \left| J_f(x) \right|_{\mathrm{F}}^2 \tag{3-13}$$

从损失函数看，收缩自动编码器通过重构误差与收缩正则化项的平衡以提取样本的抽象特征。收缩正则化项使模型学习到的函数对于输入的梯度都较小，而重构误差迫使收缩自动编码器保留完整的信息。在两者共同作用下，特征提取函数关于输入的梯度大都较小，只有少部分梯度较大。这样在输入具有小扰动时，较小的梯度会削弱这些扰动，从而提升模型对输入小扰动的鲁棒性。

在线性编码的情况下，收缩自动编码器的损失函数与传统正则自动编码器完全相同，两者都通过保持小的权重达到收缩的目的。而在非线性情况下，收缩自动编码器的收缩性与稀疏自动编码器的稀疏性非常类似，两者都鼓励稀疏表示，稀疏自动编码器通过使其大部分隐藏层神经元受到抑制，隐藏层输出对应于激活函数的左饱和区域，而收缩自动编码器通过将隐藏层神经元的输出推向它的饱和区域来达到收缩性。同样地，收缩自动编码器的鲁棒性与降噪自动编码器也是异曲同工，两者都对输入噪声具有鲁棒性，其主要区别在于作用对象不同，降噪自动编码器是针对重建信号的鲁棒性，而收缩自动编码器则是针对隐藏层表达的鲁棒性。

3.1.2 生成模型

生成模型根据输入数据来学习其分布，并基于潜在变量生成与原始数据类似的数据。常用的生成模型包含受限玻耳兹曼机（restricted Boltzmann machine，RBM）[120]、变分自动编码器（variational autoencoder，VAE）[121]、生成式对抗网络（generative adversarial network，GAN）[122]。

1. 受限玻耳兹曼机

RBM 是经典的深度生成模型，其结构是一个对称二部图，由可见层节点 $v = \{v_i \mid v_i \in \{0,1\}\}_{i=1}^n$ 和隐藏层节点 $h = \{h_j \mid h_j \in \{0,1\}\}_{j=1}^m$ 组成，同层节点之间无连接，不同层节点之间相互连接，图 3-4 是一个标准 RBM 的基本结构。RBM 的权重由可见层和隐藏层的连接权重矩阵 W、可见层的偏置向量 a 和隐藏层的偏置向量 b 组成，通过最大化观测数据的似然函数来训练模型参数。

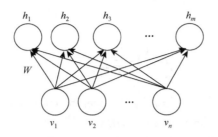

图 3-4　受限玻耳兹曼机基本结构

RBM 是一种基于能量的生成式模型，其能量函数表示如下：

$$E(v,h) = -\sum_i a_i v_i - \sum_j b_j h_j - \sum_i \sum_j v_i w_{ij} h_j \tag{3-14}$$

基于能量函数 $E(v,h)$，v 和 h 的联合分布可以表示为

$$P(v,h) = \frac{1}{Z} \mathrm{e}^{-E(v,h)} \tag{3-15}$$

式中，Z 是归一化常数，定义为

$$Z = \sum_{v,h} \mathrm{e}^{-E(v,h)} \tag{3-16}$$

给定一个可见层输入向量，隐藏层节点 j 的概率可以表示为

$$P(h_j = 1 \mid v) = \sigma(\sum_{i=1}^{n} v_i w_{ij} + b_j) \tag{3-17}$$

式中，σ 是激活函数，通常取 Sigmoid 激活函数。同理，给定一个隐藏层向量 h，可见层节点 i 的概率分布为

$$P(v_i = 1 \mid h) = \sigma(\sum_{j=1}^{m} w_{ij} h_j + a_i) \tag{3-18}$$

由于 RBM 层内无连接，所以同一层内的变量还具有相互独立性，即

$$P(v \mid h) = \prod_{i=1}^{n} P(v_i \mid h) \tag{3-19}$$

$$P(h \mid v) = \prod_{j=1}^{m} P(h_j \mid v) \tag{3-20}$$

假设一个训练集表示为 $S = \{v^1, v^2, \cdots, v^{ns}\}$，其中 $v^i = (v_1^i, v_2^i, \cdots, v_n^i)$ 表示第 i 个样本，包含 n 个特征，ns 表示样本数量，这些样本独立同分布。RBM 的目标是最大化 $P(v)$ 的对数似然函数，其定义为

$$L = \ln \prod_{k=1}^{ns} P(v^k) = \sum_{k=1}^{ns} \ln P(v^k) \tag{3-21}$$

式中

$$P(v^k) = \frac{1}{Z} \sum_h e^{-E(v^k, h)}$$ （3-22）

此后，研究者提出了深度信念网络（deep belief network，DBN）[123]和深度玻耳兹曼机（deep Boltzmann machine，DBM）[124]，这两种模型都是以受限玻耳兹曼机为基石的深度网络模型。DBN 由若干层无监督的 RBM 单元和一层有监督的反向传播（back propagation，BP）网络组成，图 3-5 为 DBN 的基本结构。其训练方式将预训练与参数微调结合，包含无监督预训练与有监督参数微调两个阶段。预训练阶段采用贪婪无监督逐层学习算法，将前一个 RBM 的输出作为其高一层RBM 的输入，自底层到顶层逐层实现每个 RBM 的训练，从而实现网络参数的初始化。预训练之后采用 BP 算法对参数进行微调，将预训练结束后得到的权重作为 DBN 的初始权重，自顶层向底层对整个模型进行有监督的训练。DBM 和 DBN类似，也是由多层 RBM 堆叠而成，图 3-6 是一个两隐藏层 DBM 的基本结构。深度信念网络忽略了更深层潜变量对接近输入的潜变量的反馈影响，而深度玻耳兹曼机采样困难。

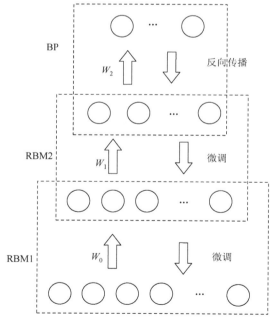

图 3-5　DBN 基本结构

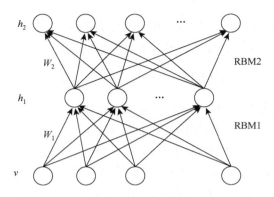

图 3-6　两隐藏层 DBM 基本结构

2. 变分自动编码器

VAE 的关键思想是通过最大化与数据点相关联的变分下界来训练模型。它结合了深度学习和贝叶斯变分推断，既具有深度学习的非线性特征提取能力，又能像概率模型那样对过程不确定性和数据噪声进行建模，主要缺点在于不能将具有足够局部方向的输入空间变换到边缘分布与分解前匹配的空间。

VAE 基本结构如图 3-7 所示，其中 Z 为隐变量，μ 和 σ 为隐变量 Z 的均值与标准差，$Q(Z|X)$ 与 $P(X|Z)$ 分别为编码过程与解码过程学习到的条件分布，对应识别与生成模型。其中，为使 VAE 具有样本生成能力，而非确定的映射过程，隐变量 Z 须为随机变量，且为简化计算，通常假设隐变量 Z 服从多元正态分布（又称高斯分布）$P(Z) \sim N(0,1)$。$Q(Z|X)$ 为近似后验分布，旨在逼近未知的真实先验分布 $P(X|Z)$，通常假设为正态分布。而 $P(X|Z)$ 需被提前定义，针对二值与实值样本，通常分别选择伯努利分布与正态分布。

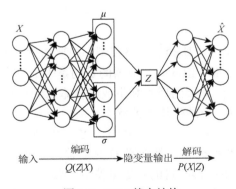

图 3-7　VAE 基本结构

VAE 的训练目标旨在最小化输入样本分布 $P(X)$ 和重构样本分布 $P(\hat{X})$ 的距离，通常采用 KL 散度进行分布之间的距离衡量，即

$$D_{KL}\left(P(X)\,|\,P(\hat{X})\right) = \int P(X)\frac{P(X)}{P(\hat{X})}\mathrm{d}X \qquad (3\text{-}23)$$

但由于真实分布的未知性，KL 散度不可直接计算，因此 VAE 引入近似后验分布 $Q(Z\,|\,X)$，并采用极大似然法优化目标函数，推导出其对数似然函数为

$$\ln P(X) = D_{KL}\left(Q(Z\,|\,X)\,|\,P(Z\,|\,X)\right) + L(X) \qquad (3\text{-}24)$$

由于 KL 散度非负，因此 $L(X)$ 称为似然函数的变分下界，其计算式为

$$L(X) = E_{Q(Z|X)}\left(-\ln(Q(Z\,|\,X)) + \ln P(X) + \ln(P(X\,|\,Z))\right) \qquad (3\text{-}25)$$

由于 VAE 旨在同时最大化 $P(X)$ 与最小化 $D_{KL}\left(Q(Z\,|\,X)\,|\,P(Z\,|\,X)\right)$，因此由式（3-24）和式（3-25）可推导出其损失函数为

$$J_{VAE} = D_{KL}\left(Q(Z\,|\,X)\,|\,P(Z)\right) - E_{Q(Z|X)}\left(\ln(P(X\,|\,Z))\right) \qquad (3\text{-}26)$$

式（3-26）中等号右边第一项为正则化项，第二项为 VAE 期望重构误差的负值。VAE 通过最小化损失函数，使估计分布 $Q(Z\,|\,X)$ 接近 $P(Z)$，且期望重构误差接近 0。

需要注意的是，在 VAE 训练过程中，需要对隐变量 Z 进行随机采样，无法求导，导致无法采用反向传播算法优化参数。为解决该问题，VAE 提出了重参数技巧，引入参数 $\varepsilon \sim N(0,1)$，通过抽取 L 个样本 ε^i，将隐变量 Z 的直接采样变换为 $z^i = u^i + \varepsilon^i \sigma^i$ 的线性运算，使其能够采用梯度下降算法进行优化。

VAE 的训练可以分为三个阶段：编码、采样和解码。编码阶段，对于输入样本 X，VAE 通过识别模型 $Q(Z\,|\,X)$ 产生隐变量 Z 分布的均值 μ 与标准差 σ；采样阶段，对于均值 μ 与标准差 σ，VAE 通过重参数化技巧，生成隐变量 Z 的随机采样样本；解码阶段，对于隐变量 Z 的采样样本，VAE 通过生成模型 $P(X\,|\,Z)$ 生成新样本。

3. 生成式对抗网络

GAN 是一种类似于二人博弈的网络模型，主要由生成器（generator）和判别器（discriminator）两个部分组成。生成器的目的是生成真实的样本去"骗过"判别器，而判别器是去区分真实的样本和生成的样本，通过对抗训练来不断地提高各自的能力，最终达到一个纳什均衡的状态。

GAN 的基本结构如图 3-8 所示，其中，X_{data} 和 $G(z)$ 分别表示真实数据样本和生成器 G 生成的伪数据样本，判别器 D 判断输入数据的真伪。生成器 G 的输入是随机噪声向量 z，生成器的目的是尽量使生成数据分布近似于真实数据分布。判别器 D 的输入有两部分——X_{data} 和 $G(z)$，其输出为概率值，表示 D 认为输入数据是真实样本的概率，同时输出会反馈给 G，用于指导 G 的训练。理想情况下

D 无法判别输入数据是来自真实数据还是生成数据，即 D 每次的输出概率值都是 $1/2$，此时模型达到最优。

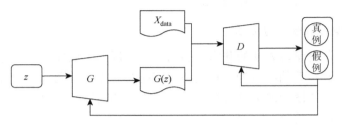

图 3-8　GAN 基本结构

GAN 的目标函数是

$$\min_G \max_D V(G,D) = \min_G \max_D E_{x \sim P_{\text{data}}}\left(\ln D(x)\right) + E_{z \sim P_z}\left(\ln(1-D(G(z)))\right) \quad （3\text{-}27）$$

式中，z 是服从高斯分布的随机噪声；G 代表生成器；D 代表判别器；$P_{\text{data}}(x)$ 代表真实数据的概率分布；P_z 代表随机噪声的概率分布；$x \sim P_{\text{data}}$ 表示从真实数据的分布中随机抽取 x；$z \sim P_z$ 表示从高斯分布的随机噪声中抽取噪声 z；$D(x)$ 和 $G(z)$ 表示判别器和生成器在接收括号内输入后所输出的向量。对于生成器 G 来说，通过随机噪声 z 作为输入，生成器 G 期望自己生成的样本尽可能地欺骗判别器 D，所以需要最大化判别概率 $D(G(z))$，于是对于生成器 G，它的目标函数是最小化 $\ln(1-D(G(z)))$。对于判别器 D，为了尽可能地区分真实样本和虚假的生成样本，它希望最小化判别概率 $D(G(z))$ 的同时，最大化判别概率 $D(x)$，其中 x 是真实样本。于是判别器的目标函数是最大化 $\ln D(x) + \ln(1-D(G(z)))$。

原始生成式对抗网络存在模式坍塌（model collapse）、只能生成连续数据和评价困难的不足，为解决这些问题，研究者相继提出了：辅助分类器生成式对抗网络（auxiliary classifier generative adversarial network，ACGAN）[125]、信息最大化生成式对抗网络（information maximizing generative adversarial network，InfoGAN）[126]、基于去噪特征匹配的改进生成式对抗网络（improving generative adversarial networks with denoising feature match，Denoise-GAN）[127]和基于能量的生成式对抗网络（energy-based generative adversarial network，EBGAN）[128]等方法。近些年，生成式对抗网络虽然受到许多研究者的关注和研究，但其评价和复现问题仍是一个难题，博弈和收敛机制背后的数学分析仍有待建立，如何扩展其应用范围需进一步探索。

3.1.3　自监督学习模型

自监督学习是一种特殊的无监督学习，包含一个自动打标签的 pretext（辅助）任务，其中监督信号是从数据本身获取的，无须人工标注。通过挖掘输入数据本身提供的弱标注信息，基于输入数据的某些部分预测其他部分[129]。目前，常用的自监督学习方法可分为生成型和对比型两大类，主要应用于图像和视频处理领域，可用于图像补全[130]和灰度图像着色[131]等。

1. 生成型自监督学习方法

生成型自监督学习方法的基本思想为通过还原人为破坏后的图像来达到特征学习的目的，其背后的动机为一旦模型能够完全还原原始图像，则说明模型已学习到能够刻画原始图像的关键特征。基于该思想的自监督学习信号构建方法包括图像修复、图像上色等。

图像修复自监督学习信号构建流程为首先在原始图像中随机剔除一部分内容，然后利用剩余部分对剔除部分进行预测来补全图像。具体来说，该方法通常将一张残缺图像 $\tilde{x}$ 输入到一个包含编码器-解码器结构的模型 $f(\cdot)$ 中进行训练，其中编码器用于图像特征学习，而解码器用于重建图像缺失部分，然后通过最小化模型预测图像 $f(\tilde{x})$ 和原始图像（缺失部分）x 之间的重建损失 $L = \left\| f(\tilde{x}) - x \right\|_2^2$ 来达到图像修复和特征学习目的。

图像上色自监督学习信号构建的设计动机为不同物体的语义与其颜色间可能有较强的关联性，例如，天空是蓝色，草地是绿色，斑马是黑白相间的，因此只有模型可以理解图像中的语义信息才有可能给图像中的不同区域上正确的颜色。其一般流程为：用输入灰度图像对应的彩色图像作为学习的标签，通过最小化预测的图像色彩和真实彩色图像间的重建损失迫使模型学习建立从"是什么"到"上什么颜色"之间的映射关系。

2. 对比型自监督学习方法

对比型自监督学习方法的核心思想为将同一图像不同视图表示（正样本对）拉近并将不同图像的视图表示（负样本对）拉远，从而达到学习兼具不变性和可区分性特征表达的目的，其实现流程主要包含两个步骤。

（1）对于每一个无标签数据 x，引入数据增强技术构建正样本对 (x, x^+)，其中 $x^+ = T(x)$ 通过对数据 x 施加随机数据变换 $T(\cdot)$ 得到（如随机裁剪、缩放、翻转、旋转、随机噪声、随机颜色失真等）。

（2）构建如式（3-28）定义的对比损失函数，并通过最小化该损失函数，达到拉近正样本间的距离同时拉远负样本间的距离的目的，以此来强化学习得到特征的不变性和可区分性。

$$L = -\ln \frac{\exp(f(x)^{\mathrm{T}} f(x^+))}{\exp(f(x)^{\mathrm{T}} f(x^+)) + \sum_{i=1}^{N-1} \exp(f(x)^{\mathrm{T}} f(x^-))} \tag{3-28}$$

式中，$f(\cdot)$ 表示卷积神经网络提取的特征表达；N 表示数据样本总量；x^- 表示与 x 不同的数据样本。

自监督学习可以捕获数据中不同部分之间的关系，解决强化学习中反馈信号稀疏、需要大量尝试的问题，但是选择数据中哪一部分作为预测任务才能获得最优的表征仍有待进一步研究。

3.2　深 度 聚 类

3.2.1　深度聚类概述

基于深度学习的聚类方法称为深度聚类（deep clustering）[132]。早期关于深度聚类的工作分别关注特征学习和聚类划分。通常，先利用深度神经网络将数据映射到特征空间，学习到新的特征，再将其应用于传统的聚类算法，得到聚类结果。近些年，深度嵌入聚类（deep embedding clustering，DEC）[133] 及其相关聚类方法被提出，这种方法不再将特征学习和聚类分离，而是整合到深度神经网络的训练过程中去，获得了相关研究领域的广泛关注。

深度聚类的损失函数包含两部分：网络损失（也称特征学习损失）和聚类损失[134]。网络损失用于学习可用的特征，避免无价值的特征，聚类损失鼓励学习到的特征具有更强的可区分度。网络损失可以是自动编码器中的重构损失，变分自动编码器中的变分损失，或者生成式对抗网络中的对抗损失。聚类损失可以是 k-means 聚类算法的目标损失函数、层次聚类损失函数或者局部保持损失等。

根据深度聚类所基于的模型类型主要可以分为自动编码器深度聚类（基于 AE 的深度聚类）、神经网络深度聚类（clustering deep neural network，CDNN）（基于 CDNN 的深度聚类）、变分自动编码器深度聚类（基于 VAE 的深度聚类）和生成式对抗网络深度聚类（基于 GAN 的深度聚类）[135]。

3.2.2　自动编码器深度聚类

AE 是为针对数据进行无监督特征学习而设计的一种神经网络，得益于自身良好的特征学习能力，使其成为深度聚类最普遍采用的网络结构。该类方法的核心在于如何基于中间层特征构建好的聚类损失和辅助聚类损失，帮助模型发现数据内在的类结构。基于 AE 的深度聚类算法总体模型框架如图 3-9 所示，图中显示了基于 AE 的深度聚类中的损失函数由两部分构成：横向得出的重构损失 L_{rec} 保证了网络可以强制学习到原始数据的可行表示；纵向得出的聚类损失 L_c 是隐藏层在聚类任务中造成的损失。因此基于 AE 的聚类整体损失函数为

$$L = \lambda L_{rec} + (1-\lambda)L_c \tag{3-29}$$

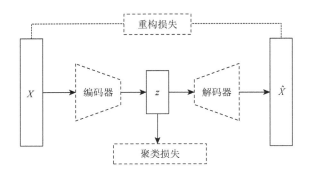

图 3-9 基于 AE 的深度聚类算法总体模型框架

下边介绍几种常用的基于 AE 的深度聚类算法：深度聚类网络（deep clustering network，DCN）[136]，深度嵌入网络（deep embedding network，DEN）[137]，深度子空间聚类网络（deep subspace clustering network，DSC-Net）[138]等。

DCN 将 AE 和 k-means 聚类算法结合起来，是最著名的深度聚类模型。首先预训练自动编码器来提高网络参数的初始化质量，然后将基于中间层特征构建的 k-means 聚类损失引入到模型中，通过网络参数与聚类中心之间的交替优化，完成特征学习与聚类任务。k-means 聚类操作是不可导的，因此 DCN 采取的是交替优化的方式。DCN 的目标函数如下：

$$\min \sum_{i=1}^{N}\left(l\left(g\left(f(x_i)\right),x_i\right)+\frac{\lambda}{2}\left\|f(x_i)-MS_i\right\|^2 \right) \tag{3-30}$$

式中，$f(\cdot)$ 代表编码器；$g(\cdot)$ 代表解码器；$l(\cdot)$ 代表重构误差函数；M 是由各簇的中心向量组成的中心矩阵；S_i 为样本 i 所属簇的 one-hot 向量。

DEN 与 DCN 类似，在自编码器的基础上，通过添加两个约束项——局部结构保持和稀疏性约束，来获得一个利于聚类的特征表示，最后在这个利于聚类的特征上利用 k-means 聚类算法完成聚类，整个目标函数如下：

$$L_{\mathrm{DEN}} = L_r + \alpha L_g + \beta L_s \tag{3-31}$$

式中，L_r 表示重构误差损失；L_g 表示局部保持约束项；α 和 β 表示调整参数。它通过把相似的样本聚在一起降维，从而在低维子空间中保持原始数据的局部结构，公式描述如下：

$$L_g = \sum_{i,j \in k(i)} S_{ij}\left\|f(x_i)-f(x_j)\right\|^2 \tag{3-32}$$

式中，$S_{ij}=\mathrm{e}^{\frac{-\left\|x_i-x_j\right\|^2}{t}}$ 表示测量样本 x_i 与 x_j 的相似度；$k(i)$ 表示样本 x_i 的 k 个近邻样本；$f(x_i)$ 表示编码。

L_s 代表组稀疏约束项，公式描述如式（3-33）所示，把学到的中间特征划分为

G 个单元，G 代表聚类的类数目。λ_g 代表特征单元 g 的权重，其中 $\lambda_g = \lambda\sqrt{n_g}$，$n_g$ 是组大小，λ 是常数。可以看出，通过组稀疏约束每个样本都只激活对应类的特征学习。

$$L_s = \sum_{i=1}^{n} \sum_{g=1}^{G} \lambda_g \left\| f^g(x_i) \right\| \tag{3-33}$$

DSC-Net 构造了一种新的自动编码器结构，能够学习适用于子空间聚类的非线性特征。DSC-Net 在编码器和解码器中间添加一个自表示层，这个层可以编码数据的自表达性质。自表达性质是指数据点可以通过与其在同一个子空间的其他数据点的线性组合来表示，表示为

$$X = XC \tag{3-34}$$

式中，C 是自表达组合系数矩阵。假设子空间之间互相独立，那么通过最小化 C 的范数［如式（3-35）所示，$\|\cdot\|_p$ 表示 p 范数，$p \geqslant 1$］，可以保证 C 具有对角结构。这样就可以利用 C 来构造相似度矩阵。

$$\begin{cases} \min_{C} \|C\|_p \\ \text{s.t. } X = XC(\text{diag}(C) = 0) \end{cases} \tag{3-35}$$

DSC-Net 完整损失函数如式（3-36）所示：

$$\begin{cases} L(\theta,C) = \frac{1}{2} \left\| X - \hat{X}_\theta \right\|_F^2 + \lambda_1 \|C\|_p + \frac{\lambda_2}{2} \left\| Z_{\theta_e} - Z_{\theta_e} C \right\|_F^2 \\ \text{s.t. } (\text{diag}(C) = 0) \end{cases} \tag{3-36}$$

式中，θ 表示自动编码器网络参数；θ_e 表示编码器网络参数；Z_{θ_e} 表示经过编码器得到的隐藏层变量。

还有一些自动编码器的变体也都被应用到深度聚类中。深度多流形聚类（deep multi-manifold clustering，DMC）[139]通过最优化局部结构保持目标函数和聚类目标函数，能够适用于多流形聚类；深度嵌入正则聚类（deep embedded regularized clustering，DEPICT）[140]将一个 Softmax（归一化指数函数）层堆叠在多层卷积自动编码器上，并利用降噪自动编码器提高模型的鲁棒性，获得了更好的聚类效果，同时保持较高的计算效率；深度连续聚类（deep continuous clustering，DCC）[141]不需要预先设置聚类个数，也能够获得不错的聚类效果。

自动编码器在未标记数据上突出的特征学习能力，并且能够和大多数聚类算法结合，因此基于 AE 的深度聚类是最常用的深度聚类算法。但是这种深度聚类算法存在两点缺陷：一是自动编码器的对称结构限制了网络深度；二是用于平衡网络损失和聚类损失的超参数需要额外的微调过程。

3.2.3 神经网络聚类损失深度聚类

基于 CDNN 的深度聚类仅仅利用聚类损失去训练网络，由于没有用到网络损

失，基于 CDNN 的模型可能会获得较差的特征，因此，在这种模型中，需要谨慎设计聚类损失并做好网络初始化。基于 CDNN 的深度聚类可以分为三种类型：无监督预训练、有监督预训练和随机初始化（无预训练）。

无监督预训练模型首先通过一种无监督方式训练受限玻耳兹曼机或自动编码器，然后通过聚类损失对网络进行微调。代表性的无监督预训练模型包括深度非参数聚类（deep nonparametric clustering，DNC）[142]、DEC 和判别增强聚类（discriminatively boosted clustering，DBC）[143]。

DNC 是一种基于非参数聚类的深度信念网络（DBN），这是一种无监督聚类方法，其灵感来自 DBN 的无监督特征学习和非参数贝叶斯模型。图 3-10 是 DNC 的基本结构，图中 L 表示隐藏层总数，W_i 是相邻层之间的权重（$i = \{1, 2, \cdots, L\}$），θ 是使用非参数最大边缘聚类（nonparameter maximum margin clustering，NMMC）学习的聚类权重。模型包含三个步骤：①预训练 DBN 进行特征学习和降维；②利用 NMMC 来判别聚类权重，该聚类可以在线高效更新；③微调更新深度信念网络中的模型参数（仅适用于 W_L 和 θ）。

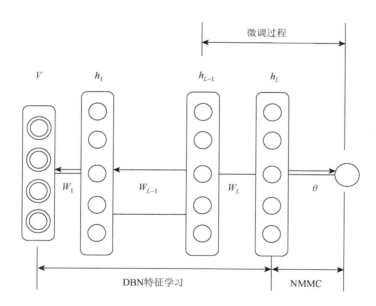

图 3-10 DNC 基本结构

DEC 预训练一个堆栈自动编码器，选取自动编码器中的编码器部分，加入聚类层，使用 KL 散度进行聚类训练。DEC 定义了两种概率分布：软聚类分配概率分布 Q 和辅助聚类分配概率分布 P，通过最小化两种分布的 KL 散度来实现聚类。模型具体定义为

$$L = \mathrm{KL}(P \,\|\, Q) = \sum_i \sum_j p_{ij} \ln \frac{p_{ij}}{q_{ij}} \tag{3-37}$$

$$q_{ij} = \frac{\left(1 + \left\| z_i - u_j \right\|^2 / \alpha \right)^{-\frac{\alpha+1}{2}}}{\sum_{j'} \left(1 + \left\| z_i - u_{j'} \right\|^2 / \alpha \right)^{-\frac{\alpha+1}{2}}} \tag{3-38}$$

$$p_{ij} = \frac{q_{ij}^2 / f_j}{\sum_{j'} q_{ij'}^2 / f_{j'}} \tag{3-39}$$

分布 Q 基于学生 t 分布衡量节点嵌入 z_i 和质心 u_j 之间的相似性，q_{ij} 可以解释为将样本 i 分配给聚类 j 的概率（即软分配）。$f_j = \sum_i q_{ij}$ 可以理解为类 j 包含的样本数，分布 P 则可以看作对分布 Q 中的高置信度关系进行强化预测。

DBC 引入了一个全卷积自动编码器（fully convolutional autoencoder，FCAE）网络，用于快速和粗略的图像特征提取。然后丢弃解码器部分，并在编码器之上添加一个软 k-means 模型，得到一个统一的聚类模型。该模型是与逐渐增强的判别器联合训练的，其中高分的分配被突出显示，低分的分配被淡化。图 3-11 是 DBC 的基本模型示意图。

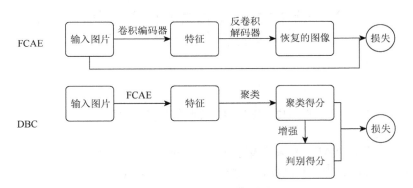

图 3-11 DBC 基本模型示意图

有监督预训练模型基于大量标记的图像数据，利用牛津大学视觉几何小组（Visual Geometry Group，VGG）模型[144]、ResNet 或者 Inception[145]网络结果进行预训练，能够加速迭代收敛并提高聚类效果。基于卷积神经网络的聚类（clustering convolutional neural network，CCNN）[146]是具有代表性的有监督预训练模型。

通过合理的初始化网络和精心设计的聚类损失函数，不进行预训练，也能抽取到具有判别力的特征。无预训练模型包括信息最大化自增强训练（information maximizing self-augmented training，IMSAT）模型[147]、联合无监督学习（joint unsupervised learning，JULE）模型[148]和深度自适应图像聚类（deep adaptive image clustering，DAC）模型[149]。

基于 CDNN 的深度聚类只需优化聚类损失，因此网络深度不受限制，可以用于大规模的图像数据集。然而缺失网络损失可能会学习到较差的特征，反而需要更谨慎地设计聚类损失解决网络损失缺失产生的问题。

3.2.4　变分自动编码器深度聚类

基于 AE 和 CDNN 的深度聚类模型是专门针对聚类任务设计的，无法发现数据真正的潜在结构，很难扩展应用到其他任务中。变分自动编码器是一种深度生成模型，结合变分贝叶斯与神经网络的灵活性和可扩展性，使隐藏表征符合一种概率先验分布，将推断数据对象所属类别问题转化为推断生成数据点的潜在分布模式问题。基于 VAE 的聚类算法模型框架如图 3-12 所示。

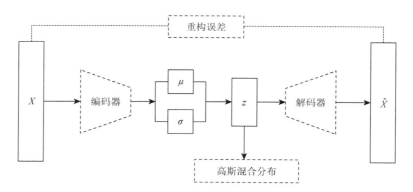

图 3-12　基于 VAE 的聚类算法模型框架

典型的基于 VAE 的深度聚类模型包括变分深度嵌入（variational deep embedding，VaDE）[150]和高斯混合变分自动编码器（Gaussian mixture variational autoencoder，GMVAE）[151]。VaDE 通过引入高斯混合模型来建模数据生成的过程。具体建模过程分为三步：①由高斯混合模型选择一个类；②根据选择的类生成潜在的嵌入特征；③用解码器将嵌入特征重构输入。VaDE 的优化遵循变分自动编码器的优化方式，即使用随机梯度变分贝叶斯（stochastic gradient variational Bayes，SGVB）和重参数技术优化证据下界（evidence lower bound，ELBO）。GMVAE 采用了与 VaDE 相似的策略，对特征空间施加高斯混合分布的约束。同时针对 VAE 存在的过度规范化（over-regularization）的问题，GMVAE 通过最小化信息约束使得模型在训练初期避免陷入局部解。

基于 VAE 的深度聚类属于生成式深度聚类算法，能够从最终聚类结果中生成样本，但这类算法具有较高的计算复杂度。

3.2.5　生成式对抗网络深度聚类

生成式对抗网络是近年来另一种受到广泛关注的深度生成模型，这种模型包含一个生成网络和一个判别网络。生成网络生成与原始数据尽可能相似的数据，判别网络判别一个数据对象来自原始数据还是生成数据。许多基于 GAN 的深度聚类算法被提出，一些算法专门被用于聚类任务，另一些适用于更广泛的任务，聚类只是其中一个特例。这类算法不易收敛并且可能会出现模式坍塌的问题，主要相关工作包括 InfoGAN 和深度对抗聚类（deep adversarial clustering，DAC）[152]。

InfoGAN 开创性地提出了 GAN 与互信息结合在一起的优化目标，既能够学习表示离散和连续的潜在因素，也能够扩展到复杂的数据集，完成聚类任务，为生成式对抗网络和深度聚类算法相结合的发展奠定了基础。InfoGAN 的基本框架如图 3-13 所示，模型将生成器 G 的输入拆分成随机变量 z 与隐编码 c。InfoGAN 在对抗训练的同时最大化二者的互信息，从而得到可分解的特征表示。而隐编码则可以控制模型生成指定类别的样本，实现无监督聚类生成。

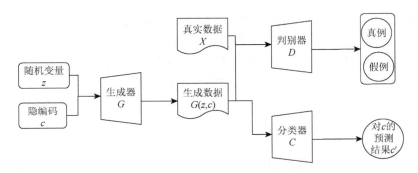

图 3-13　InfoGAN 基本框架

InfoGAN 使用信息论正则化来确保潜在编码 c 与生成分布 $G(z)$ 之间有很高的互信息。其优化目标相较于原生的生成对抗博弈训练发生了变化，如式（3-40）所示：

$$\min_{G} \max_{D} V_I(D,G) = V(D,G) - \lambda I(c; G(z,c)) \tag{3-40}$$

式中，$V(D,G)$ 表示 GAN 中生成器 G 与判别器 D 的博弈训练的优化目标；$I(c; G(z,c))$ 表示信息论正则化项。

DAC 将对抗性自动编码器（adversarial autoencoder，AAE）应用于聚类。AAE

使用对抗训练程序将潜在表示的聚合后验与高斯混合先验分布进行匹配。DAC 的优化目标包括三个项——传统的自动编码器重建目标［式（3-41）］、高斯混合模型（Gaussian mixture model，GMM）的极大似然［式（3-42）］以及判别器的对抗性目标［式（3-43）］，其中重建目标可以视为网络损失，其他两项是聚类损失。

$$L_r = \sum_{i=1}^{n} \left\| x_i - D(E(x_i)) \right\|_2^2 \qquad (3\text{-}41)$$

式中，n 表示样本数量；x_i 表示第 i 个样本数据。编码器 E 将数据点从其原始空间映射到 d 维空间（$d < D$），解码器将它们从代码空间映射回原始空间。

$$L_{\text{GMM}} = \prod_{i=1}^{n} \sum_{k=1}^{K} \pi_k N(E(x_i), u_k, \textstyle\sum_k) \qquad (3\text{-}42)$$

式中，K 表示高斯混合模型由 K 个高斯模型组成（即数据包含 K 个类）；π_k 表示第 k 个高斯模型的权重；u_k、$\sum_k$ 分别表示第 k 个高斯模型的均值和协方差；N 表示正态分布。

$$L_A = \frac{-1}{2n} \left(\sum_{i=1}^{n} \ln(A(E(x_i))) + \sum_{i=1}^{n} \ln(1 - A(z_i)) \right) \qquad (3\text{-}43)$$

式中，A 是基于神经网络的对抗判别器；L_A 是交叉熵损失；数据的真实编码 $E(x_i)$ 作为正例，来自高斯混合随机生成器的假生成编码 z_i 作为负例。

基于 GAN 的深度聚类属于生成式深度聚类算法，能够从最终聚类结果中生成样本。但这类算法可能会出现模式坍塌和收敛速度慢的问题。

3.3　网 络 嵌 入

网络嵌入[153]作为图神经网络领域的网络特征学习方法，近年来受到广泛关注，其能够将网络中的节点嵌入低维连续表征中，同时该表征保留了网络的结构信息[154]。实际应用中产生大量具有网络形式的数据，如社交网络数据[155]、疾病关联网络数据[156]、引文网络数据[157]以及物联网数据[158]。网络嵌入是处理这类数据的有效手段，并且表现出非常优异的学习效果。按照网络中被关注信息的不同，网络嵌入方法可以分为三种类型：网络拓扑结构嵌入、网络辅助信息嵌入和网络外部信息嵌入。

3.3.1　网络拓扑结构嵌入

网络嵌入最基本的要求是学到的节点表征能够保留网络中的拓扑结构信息，如一阶近邻结构、高阶近邻关系和网络社区。

深度游走（DeepWalk）[159]是经典的保留网络中节点间一阶近邻关系的网络嵌入方法。DeepWalk 的思想类似自然语言处理（natural language processing，NLP）领域中的常用算法 Word2Vec。Word2Vec 以单词作为基本处理元素，分析目标为由单词组成的语句序列。在网络结构数据中，可以将节点类比于单词，那么如何构造节点组成的"语句"序列呢？DeepWalk 是利用随机游走（RandomWalk）的方式，对网络数据进行采样从而构成节点序列，然后利用 SkipGram 模型生成节点向量表示。DeepWalk 采用随机游走产生节点序列的方式如图 3-14 所示。

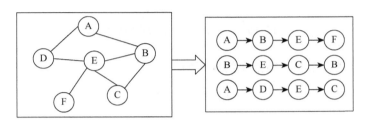

图 3-14　随机游走示意图

DeepWalk 采用深度优先采样（depth-first sampling，DFS）策略，即从源节点开始以距离递增的方式依次采样产生节点序列，其得到的节点序列具有同质性，即以距离作为节点间相似性的度量。与 DFS 策略相反，广度优先采样（breadth-first sampling，BFS）策略是从源节点开始，探索当前深度所有邻居节点的结构性，用节点在网络中的位置和结构表示相似性。图 3-15 是以节点 u 为起始节点的 BFS 和 DFS 搜索策略示意图。

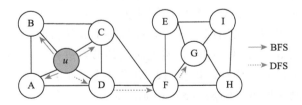

图 3-15　BFS 和 DFS 搜索策略示例

Node2Vec（节点向量模型，node to vector）[160]是 DeepWalk 的进一步改进，通过设计二阶关系的随机游走策略，解决了 DeepWalk 学习到节点表征表达能力不足的问题。Node2Vec 通过半监督的方式学习 p、q 两个超参数的值，控制游走对深度和广度的趋向。图 3-16 为 Node2Vec 算法从节点 t 跳转至节点 v 后下一步以节点 v 为起点继续跳转的原理示意图。

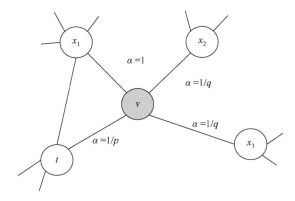

图 3-16 Node2Vec 算法节点跳转原理

从节点 v 跳转至下一节点 x 的概率为

$$\pi_{vx} = \alpha_{pq}(t,x)w_{vx} \qquad (3\text{-}44)$$

式中，w_{vx} 表示边 (v,x) 的权重；

$$\alpha_{pq}(t,x) = \begin{cases} \dfrac{1}{p}, & d_{tx}=0 \\ 1, & d_{tx}=1 \\ \dfrac{1}{q}, & d_{tx}=2 \end{cases} \qquad (3\text{-}45)$$

其中，d_{tx} 为节点 t 到节点 x 的距离；p 是控制随机游走时从当前节点返回到前一个节点的概率的超参数，p 越小，从当前节点返回到前一个节点的概率越高；q 是控制随机游走如何从起始节点延伸的超参数，当 q 小于 1 时，节点搜索从起始节点开始向更深处扩展，采用深度优先采样策略生成随机游走，获取网络的全局信息；另外，如果 q 大于 1，则随机游走对相邻节点进行采样的概率增加，因此搜索以广度优先采样方法进行，以获得起始节点的局部信息。

大规模信息网络嵌入（large-scale information network embedding，LINE）[161] 是一种针对大规模网络的嵌入方法，保留了网络中的一阶和二阶近邻关系，适用于任何类型的图，如无向图、有向图、加权图等。该算法优化了节点的相似度计算方法，提出了一、二阶相似度。一阶相似度用于描述相邻顶点之间的局部相似度，如果两个节点 u、v 之间存在直连边，则其一阶相似度可以用权重 w_{uv} 来表示，如果不存在直连边，则一阶相似度为 0。图 3-17 中，顶点 6、7 之间是直接相连的，且权重比较大（边比较粗），则认为顶点 6、7 是相似的，且一阶相似度较高，顶点 5、6 之间并没有直接相连，则两者的一阶相似度为 0。二

阶相似度则用 2 个节点间的共同邻居度量，描述节点与邻域的关系。例如，顶点 u、v 不存在直接连边，但是顶点 u 和 v 都存在其自己的一阶连接点，u 和所有其他顶点的一阶相似度可以形式化定义为 $p(u) = (w_{u,1}, \cdots, w_{u,|V|})$，$v$ 和所有其他顶点的一阶相似度可以形式化定义为 $p(v) = (w_{v,1}, \cdots, w_{v,|V|})$。顶点 u、v 之间的相似度可以通过 $p(u)$ 和 $p(v)$ 的相似度表示。若 u 和 v 之间不存在相同的邻居顶点，则二阶相似度为 0。图 3-17 中，顶点 5、6 之间并没有直接相连，但是它们各自的一阶连接点是相同的，说明它们也是相似的。二阶相似度就是用来描述这种关系的。

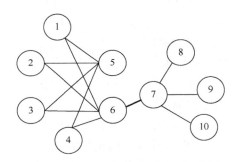

图 3-17　一阶和二阶近邻关系示例

　　总的来说，DeepWalk、Node2Vec 以及 LINE 都是考虑网络拓扑结构的方法，还有一些其他类似的嵌入方法。结构化的深度网络嵌入（structural deep network embedding，SDNE）[162] 为解决高度非线性、结构信息保留和稀疏性问题，构建了一个网络嵌入深度模型。Cao 等[163] 提出的模型能够获取网络中的加权结构和节点间的非线性结构信息。除了考虑网络拓扑结构的嵌入方法，按照网络中被关注信息的不同，还出现了考虑网络辅助信息的嵌入方法和考虑外部信息的嵌入方法。

3.3.2　网络辅助信息嵌入

　　辅助信息是网络中另一个重要的信息来源，例如，引文网络中文章节点附带的作者、标题、关键字等辅助信息。考虑网络辅助信息的嵌入方式要求最终学习的节点表征能够反映这些辅助信息内容。最大间隔深度游走（max-margin DeepWalk，MMDW）[164] 是一个基于 DeepWalk 的半监督网络嵌入方法，学习到的顶点表示不仅能够反映其网络结构，而且能反映顶点的标签信息。Le 等[165] 基于引文网络数据提出一个生成模型，节点嵌入过程能够考虑引文在内容上的联系。文本关联深度游走（text-associated DeepWalk，TADW）模型[166] 从矩阵分解的角度优化 DeepWalk，将丰富的节点文本信息融入模型中。Sun 等[167]提出了内容增强的网络嵌入（content-enhanced network embedding，CENE）方法，将网络中辅助信息视作节点，通过扩大网络进行节点的表征学习。基于标签信息的属性网络嵌入（label informed attributed network embedding，LANE）[168]利用谱技术将节点标签信息融入网络嵌入过程中。

3.3.3　网络外部信息嵌入

网络外部信息指目标挖掘任务的挖掘导向信息，其不直接存在于网络数据中，而是由进行什么样的挖掘任务决定，在网络嵌入过程中引入这类外部信息，能够使得学习到的节点表征具有目标任务导向性，可以更好地服务于后续分析任务。Bourigault 等[169]通过将信息扩散映射到热扩散过程中，构建了用于预测信息扩散的社交网络嵌入算法。Hu 等[170]以异常识别任务为目标，提出一种新的度量，反映网络中节点的异常水平。Man 等[171]基于网络对齐任务，构建网络嵌入算法，预测不同网络中属于同一主体的节点。

网络嵌入在社交网络、引文网络、生物信息网络等实际网络数据中的节点标签预测、节点聚类、边预测和网络可视化等领域都取得了令人瞩目的研究进展[172]。本章尝试利用网络嵌入基本思想挖掘分类属性数据集中的潜在特征，学习其低维数值表征，同时保留不同属性取值实际含义间的关系。此外，一篇基于神经网络的分类属性数据综述研究提到，利用网络嵌入解决分类属性数据的特征学习问题成为未来可能的研究方向[173]。这一思路与本章基本研究思想不谋而合，也印证了本章利用深度学习相关方法解决分类属性数据无监督挖掘问题的可行性。

3.4　本章小结

本章系统阐述为解决分类属性数据无监督学习难点提供新思路的深度无监督学习相关理论。

（1）深度无监督特征学习在非结构化数据和结构化的数值属性数据中获得了较好的学习效果，能够学习出数据的深度表征。深度学习模型由可微的非线性模块组成，使得其直接用于分类属性数据特征学习上较为困难，需要进一步研究面向分类属性数据的深度无监督特征学习方法。

（2）深度聚类相比于传统聚类算法获得了更好的聚类效果，特别是深度嵌入聚类将特征学习和聚类划分两种任务整合起来，通过端到端的方式即可完成聚类分析。大多数相关研究针对图像、文本等非结构化数据，在结构化的分类属性数据上的深度聚类问题还需要进一步深入研究。

（3）网络嵌入方法在保留网络拓扑结构、辅助信息和外部信息至节点表征中已积累了较为丰富的研究成果。考虑将其应用于非网络形态数据中，例如，结构化的分类属性数据，解决分类属性数据无监督挖掘中存在难以挖掘属性取值间实际关系的难题，是可以尝试的研究思路。

第 4 章　分类属性数据深度无监督特征学习

本章面向决策支持过程中的决策空间表征阶段，针对分类属性数据，研究其在决策空间中的特征学习问题，借鉴当前快速发展的深度无监督特征学习和网络嵌入基本思想，提出面向决策空间表征的分类属性数据深度特征学习方法。

本章所提方法能够有效挖掘分类属性数据中属性取值隐含的现实含义及其相关关系，并将其显式地表达在学习到的决策空间表征中，具有明确的理论意义和实际应用价值。理论上，成功将深度学习优秀的特征学习能力应用到分类属性数据的无监督特征学习中，解决已有相关研究存在的分类属性取值间关系挖掘能力不足，以及特征学习结果受参数影响敏感的问题。实践中，量化存在于人类智慧中的分类属性数据现实含义，并将其学习至决策空间表征中，以便后续决策分析过程能够充分吸收分类属性数据中潜在的有用信息，为决策支持过程奠定数据基础。

4.1　决策支持中的深度无监督特征学习需求

决策空间表征是决策支持过程的首要步骤，为更加科学地支持管理决策过程，将原始数据映射到决策空间中，以得到能够更好服务于决策分析任务的数据表征。

对于决策支持过程中常面临的未标记分类属性数据，原始数据空间存在无法直接表达数据蕴含现实意义的缺陷。表 4-1 给出了人才招聘中的分类属性数据示例，其中，人才数据由"姓名"、"性别"、"专业"和"职业"四个分类属性描述，"姓名"属性在每条数据上取值唯一，不具有分析价值。其余三个属性在原始特征空间中具有人类可理解的现实意义，如"职业"属性中，程序员、分析师和技术员都属于理工类岗位，市场管理属于管理类岗位，而律师属于文法类岗位。这些现实意义蕴含在人类智慧中，无法在原始特征空间中直接体现。若后续决策分析直接基于原始特征空间中的分类属性数据展开，则仅能挖掘出属性取值是否一致或出现概率等信息，无法理解每个取值的现实含义及其相关关系，而这些现实含义是分类属性数据中隐含的最重要信息之一。

表 4-1　人才招聘领域分类属性数据示例

姓名	性别	专业	职业
John	男	工程	程序员
Tony	男	科学	分析师
Alisa	女	文科	律师
Ben	男	工程	程序员
Abby	女	文科	市场管理
James	男	工程	技术员

　　深度无监督特征学习的目标是将分类属性数据从原始特征空间映射到决策空间中，获得决策空间表征，使得该表征能够蕴含原始数据中人类可理解的现实意义。进一步地，分类属性数据在决策空间中的表征能够将其实际含义传导至后续分析任务中，保证决策分析过程可以基于蕴含着完整准确信息的数据展开。

　　图 4-1 以人才招聘为例展示了分类属性数据特征学习是决策支持过程中的实际需求。企业在进行人才招聘时常面临由大量应聘者提供的人才数据，这些数据并未标记应聘者是否符合企业需求，因此快速科学地从应聘者中识别出符合招聘要求的人才是辅助支持企业制定人才招聘决策的重要手段。在此过程中，基于原始人才数据，学习其在决策空间中的深度数值表征，将人才数据中蕴含的现实意义传导至后续决策分析过程中，是科学支持人才招聘决策的数据基础。

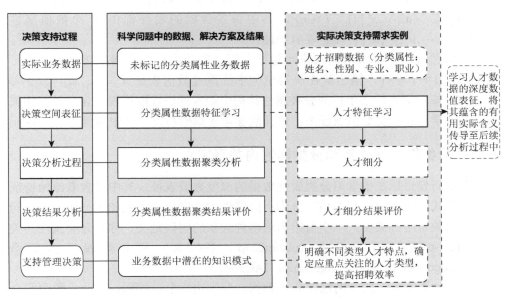

图 4-1　分类属性数据特征学习在决策支持中的实际需求示意图

基于上述有关分类属性数据特征学习在决策支持中的实际需求介绍，本章针对决策支持过程中的决策空间表征阶段，借鉴深度无监督特征学习和网络嵌入基本思想，研究分类属性数据深度特征学习这一科学问题的解决方法，弥补传统方法存在的分类属性取值现实意义及相关关系的挖掘能力不足，特征学习结果受参数影响敏感等缺陷。另外，7.3 节还将本章研究成果应用于人才招聘决策支持实际问题中，展现其实际应用价值。

4.2　分类属性数据深度无监督特征学习问题

本节首先明确分类属性数据深度无监督特征学习的问题特征及内涵，再给出分类属性数据深度无监督特征学习的两个基本定义——分类属性间关系和分类属性内关系，最后介绍分类属性数据深度无监督特征学习的基本研究思路及需要解决的关键难点。

4.2.1　问题特征及内涵

分类属性数据集 $X = \{x_1, x_2, \cdots, x_i, \cdots, x_n\}$ $(1 \leqslant i \leqslant n)$ 中包含由 m 个分类属性 $C = \{c_1, c_2, \cdots, c_j, \cdots, c_m\}$ $(1 \leqslant j \leqslant m)$ 描述的 n 个数据对象。本章借鉴深度无监督特征学习思想，利用网络嵌入方法，挖掘分类属性数据集 X 中不同属性间和同一属性内的取值间潜在关系，学习得到 X 中每个分类属性数据的深度数值表征 $X' = \{x'_1, x'_2, \cdots, x'_i, \cdots, x'_n\}$ $(1 \leqslant i \leqslant n)$ ，其中每条数据的表征都由 h 个数值属性 $U = \{u_1, u_2, \cdots, u_g, \cdots, u_h\}$ $(1 \leqslant g \leqslant h)$ 描述。

此问题的目标是依据输入原始特征空间中的分类属性数据集 $X = \{x_1, x_2, \cdots, x_i, \cdots, x_n\}$ $(1 \leqslant i \leqslant n)$ ，输出其在决策空间中的深度数值表征 $X' = \{x'_1, x'_2, \cdots, x'_i, \cdots, x'_n\}$ $(1 \leqslant i \leqslant n)$ ，本质在于挖掘分类属性数据中隐含的属性取值现实含义及其相关关系，并学习到深度数值表征中，使其能够蕴含原始特征空间中全部有用信息。

4.2.2　分类属性间关系和分类属性内关系定义

本章研究目标在于学习分类属性数据的深度数值表征，其中蕴含着原始特征空间中隐式的属性取值间关系，分为不同属性中的取值间关系和同一属性中不同取值间的关系两种类型。本小节给出这两种关系的明确定义，称为分类属性间关系（inter-categorical attribute relationship，IECAR）和分类属性内关系（intra-categorical attribute relationship，IACAR）。

如图 4-2 所示，此示例包含 6 条数据，分别由姓名、性别、专业、职业四个分类属性描述。此示例中每条数据的姓名属性取值都是独一无二的，相当于对数据进行了唯一编码，因此通常姓名属性不会参与后续分析过程。这一示例标注了两个分类属性间关系，分别是"工程（专业）-男（性别）"和"工程（专业）-程序员（职业）"。在这一示例数据集中，专业为"工程"的数据对象性别都为"男"，表明"工程（专业）-男（性别）"这一关系要比"工程（专业）-女（性别）"更加密切。此外，"工程"和"程序员"在示例中共现次数最多，表明这两个属性取值关系较为紧密。对于分类属性内关系，此示例标注了"男（性别）-女（性别）"和"科学（专业）-文科（专业）"两个关系。"性别"属性下"男"出现的频次比"女"高，因此当"女"这一属性取值出现时，能够提供的信息量更大。类似地，"科学（专业）-文科（专业）"也存在这样的关系，"科学（专业）"可以提供比"文科（专业）"更多的信息量。

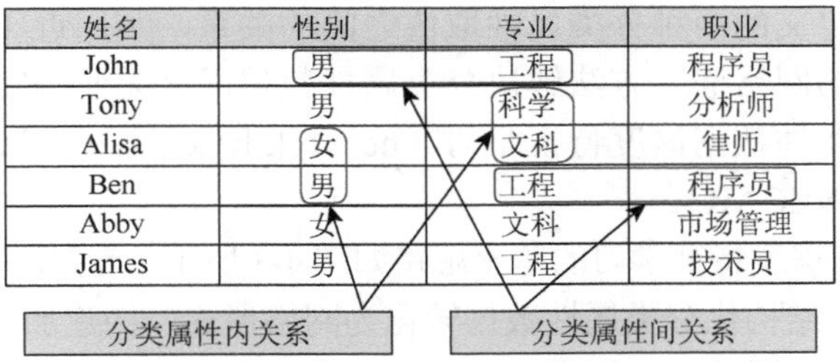

姓名	性别	专业	职业
John	男	工程	程序员
Tony	男	科学	分析师
Alisa	女	文科	律师
Ben	男	工程	程序员
Abby	女	文科	市场管理
James	男	工程	技术员

分类属性内关系　　　　分类属性间关系

图 4-2　分类属性数据集属性间关系和属性内关系示意图

为明确这两类关系，本小节提出如下两个定义。

定义 4-1　分类属性间关系。

假设分类属性数据集 $X = \{x_1, x_2, \cdots, x_i, \cdots, x_n\}$ $(1 \leqslant i \leqslant n)$ 中包含 n 个数据对象，其中每个数据对象 $x_i = \left[x_i^1, x_i^2, \cdots, x_i^j, \cdots, x_i^m\right]^{\mathrm{T}}$ $(1 \leqslant i \leqslant n)$ 由 m 个分类属性 $C = \{c_1, c_2, \cdots, c_j, \cdots, c_m\}$ $(1 \leqslant j \leqslant m)$ 描述。属性 $c_j = \left\{c_j^1, c_j^2, \cdots, c_j^l, \cdots, c_j^{|c_j|}\right\}$ $(1 \leqslant j \leqslant m)$ 在数据集 X 中出现了 $|c_j|$ 个取值。对于数据集 X 中两个不同的属性 c_j 和 $c_{j'}$，其分类属性间关系 IECAR 定义为

$$\mathcal{R}_E(c_j, c_{j'}) \sim \underset{1 \leqslant l \leqslant |c_j|, 1 \leqslant l' \leqslant |c_{j'}|}{\Diamond} \left(c_j^l, c_{j'}^{l'}\right) \tag{4-1}$$

式中，$\mathcal{R}_E(c_j, c_{j'})$ 表示属性 c_j 和 $c_{j'}$ 之间的关系；c_j^l 和 $c_{j'}^{l'}$ 分别是属性 c_j 和 $c_{j'}$ 在数据集 X 中出现的取值；$\Diamond$ 指属性 c_j 和 $c_{j'}$ 间关系由这两个属性的所有取值间关系综合反映得到。

定义 4-2　分类属性内关系。

假设分类属性数据集 $X = \{x_1, x_2, \cdots, x_i, \cdots, x_n\}$ $(1 \leqslant i \leqslant n)$ 中包含 n 个数据对象，

其中每个数据对象 $x_i = \begin{bmatrix} x_i^1, x_i^2, \cdots, x_i^j, \cdots, x_i^m \end{bmatrix}^{\mathrm{T}}$ $(1 \leqslant i \leqslant n)$ 由 m 个分类属性 $C = \{c_1,$ $c_2, \cdots, c_j, \cdots, c_m\}$ $(1 \leqslant j \leqslant m)$ 描述。属性 $c_j = \left\{ c_j^1, c_j^2, \cdots, c_j^l, \cdots, c_j^{|c_j|} \right\}$ $(1 \leqslant j \leqslant m)$ 在数据集 X 中出现了 $|c_j|$ 个取值。对于数据集 X 中的属性 c_j，其分类属性内关系 IACAR 定义为

$$\mathscr{R}_A(c_j) \sim \underset{1 \leqslant l, l' \leqslant |c_j|, l \neq l'}{\lozenge} \left(c_j^l, c_j^{l'} \right) \tag{4-2}$$

式中，$\mathscr{R}_A(c_j)$ 表示分类属性 c_j 的不同取值间关系，由属性 c_j 在数据集 X 中出现所有取值的两两关系反映而得到。

4.2.3　网络嵌入深度无监督特征学习思路

为挖掘上述定义的两种分类属性取值之间的关系，利用近年来在深度学习领域受到广泛关注的网络嵌入方法解决分类属性数据深度无监督特征学习问题，提出网络嵌入分类属性数据深度特征学习（network-based deep feature learning for categorical data，NECAR）。

分类属性数据深度特征学习的基本思路如图 4-3 所示。首先，将原始特征空间中以表格形式存在的结构化分类属性数据转化为网络形式，构建加权异构网络，属性取值构成网络节点，属性取值间存在的分类属性间关系和分类属性内关系表示为网络中两种类型边，关系的强弱通过边权重表达；其次，借鉴网络嵌入基本思想，将网络中包含的分类属性间和属性内关系嵌入节点的深度数值表征中，使得节点对应的分类属性取值表征蕴含着同其他取值的关系；最后，依据原始特征空间中分类属性数据和属性取值之间的对应关系，将学习到的属性取值表征依次连接起来，得到分类属性数据的深度数值表征。

特别地，某一条分类属性数据由对应的全部分类属性取值构成，以图 4-2 所示分类属性数据集为例，四个分类属性取值"John-男-工程-程序员"构成图中第一条分类属性数据。本章首先学习分类属性取值的深度数值表征（例如，学习"男""工程""程序员"属性取值的深度数值表征，"John"不具有分析意义，不参与特征学习），再还原出分类属性数据的深度数值表征（例如，将"男""工程""程序员"属性取值的深度数值表征依次连接起来，得到对应分类属性数据的深度数值表征）。研究重点在于分类属性取值的深度特征学习。

采用此研究思路学习分类属性数据深度数值表征存在两个关键难点。

（1）构建能够反映分类属性间和属性内关系的加权异构网络。基于广泛的分类属性数据特征学习相关研究综述发现，尚未出现利用网络嵌入解决此问题的相关工作，因此，不存在可供参考的分类属性数据网络构建方法。

（2）学习表达在网络中的分类属性间和属性内关系，将其嵌入节点的深度数

值表征中。本章基于分类属性数据构建的加权异构网络，同时具有加权和异构两种网络特征。然而，已有网络嵌入方法大多只能处理具备一种特征的网络，例如，具有异构特征的引文网络和具有加权特征的社交网络。因此，建立能够同时考虑网络中边的类型和权重信息的网络嵌入损失函数，是本章需要解决的关键问题。

　　4.3 节针对第一个难点，提出了基于分类属性数据的加权异构网络构建方法；4.4 节针对第二个难点，提出了基于网络嵌入的分类属性数据深度特征学习方法。

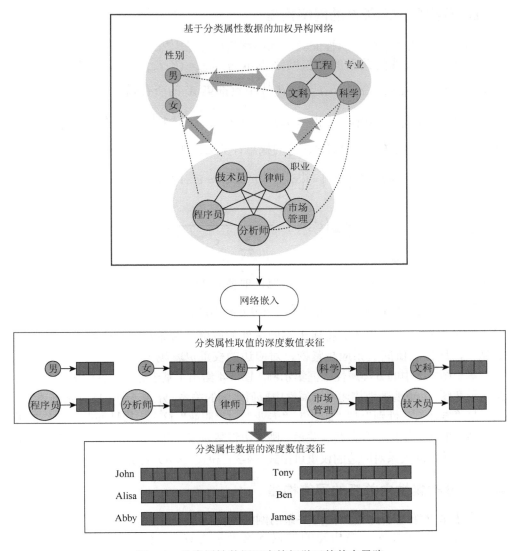

图 4-3　分类属性数据深度特征学习的基本思路

4.3 加权异构网络构建

本章所提分类属性数据网络的异构特点主要体现在构建的边分别源自分类属性间关系（IECAR）和分类属性内关系（IACAR），本节将分别介绍基于这两种分类属性取值间关系的网络构建方法。

4.3.1 分类属性间关系的网络构建

本小节介绍基于分类属性间关系的网络构建方法[174]。

基于分类属性间关系的加权网络表示为 $G_{\text{inter}} = (V, E_{\text{inter}})$，该网络中的节点 $V = \left\{ c_1^1, \cdots, c_1^{|c_1|}, \cdots, c_j^1, \cdots, c_j^{|c_j|}, \cdots, c_m^1, \cdots, c_m^{|c_m|} \right\}$ 由数据集 X 的所有属性取值构成，节点个数为 $|V|$。边 $E_{\text{inter}} = \left\{ e\left(c_j^l, c_{j'}^{l'} \right) \middle| 1 \leq j, j' \leq m, j \neq j', 1 \leq l \leq |c_j|, 1 \leq l' \leq |c_{j'}| \right\}$ 指不同属性中取值之间的关系。边 $e\left(c_j^l, c_{j'}^{l'} \right)$ 的权重计算方式如式（4-3）和式（4-4）所示：

$$wf_{\text{inter}}\left(c_j^l, c_{j'}^{l'} \right) = \left| \left\{ x_i \middle| x_i^j = c_j^l \wedge x_i^{j'} = c_{j'}^{l'}, 1 \leq i \leq n \right\} \right| \tag{4-3}$$

$$w_{\text{inter}}\left(c_j^l, c_{j'}^{l'} \right) = \frac{e^{wf_{\text{inter}}\left(c_j^l, c_{j'}^{l'} \right)}}{\sum_{e\left(c_j^l, c_{j'}^{l^r} \right) \in E_{\text{inter}}} e^{wf_{\text{inter}}\left(c_j^l, c_{j'}^{l^r} \right)}} \tag{4-4}$$

式中，$\wedge$ 表示合取；$wf_{\text{inter}}\left(c_j^l, c_{j'}^{l'} \right)$ 表示属性取值 c_j^l 和 $c_{j'}^{l'}$ 在数据集 X 中的共现次数；c_j^l 和 $c_{j'}^{l'}$ 之间边的权重 $w_{\text{inter}}\left(c_j^l, c_{j'}^{l'} \right)$ 采用 Softmax 函数对其共现次数归一化得到。

这种权重计算方式能够将属于不同属性的取值间关系反映到网络中，共现次数越大，属性取值间关系应越紧密，对应边的权重也就越大。

基于图 4-2 中的分类属性数据集示例，图 4-4 给出了基于分类属性间关系构建的网络示意图。为更清晰地描述不同属性中取值之间的关系，分为三个子图分别描述"性别"与"专业"、"性别"与"职业"、"专业"与"职业"这三组属性间关系。若某两个属性取值在数据集中存在共现关系，则有边将其连接，否则这两个属性取值之间无边相连。属性间关系对应边的权重可由式（4-3）和式（4-4）计算得到。

4.3.2 分类属性内关系的网络构建

本小节介绍基于分类属性内关系的网络构建方法。

基于分类属性内关系构建的加权网络表示为 $G_{\text{intra}} = (V, E_{\text{intra}})$，该网络中的节点 $V = \left\{ c_1^1, \cdots, c_1^{|c_1|}, \cdots, c_j^1, \cdots, c_j^{|c_j|}, \cdots, c_m^1, \cdots, c_m^{|c_m|} \right\}$ 由数据集 X 的所有属性取值构成，

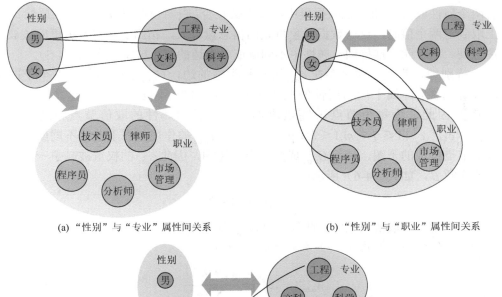

(a) "性别"与"专业"属性间关系   (b) "性别"与"职业"属性间关系

(c) "专业"与"职业"属性间关系

图 4-4 基于分类属性间关系的网络示意图

网络的边 $E_{\text{intra}} = \left(e_{\text{intra}}^{+}, e_{\text{intra}}^{-} \right)$ 包含两种类型 e_{intra}^{+} 和 e_{intra}^{-}，其中 $e_{\text{intra}}^{+} = \left\{ e\left(c_j^l, c_j^{l'} \right) \middle| 1 \leqslant j \leqslant m, 1 \leqslant l, l' \leqslant \left| c_j \right|, l \neq l' \right\}$ 指连接同一属性下不同取值节点的边，其权重计算方式如式（4-5）所示：

$$w_{\text{intra}}^{+}\left(c_j^l, c_j^{l'} \right) = \frac{n}{\left| \left\{ x_i \middle| x_i^j = c_j^l, 1 \leqslant i \leqslant n \right\} \right| + \left| \left\{ x_i \middle| x_i^j = c_j^{l'}, 1 \leqslant i \leqslant n \right\} \right|} \tag{4-5}$$

式中，分子为数据集包含的数据对象个数，分母是数据集中属性 c_j 取值等于 c_j^l 和 $c_j^{l'}$ 的数据对象个数之和。以这种方式计算连接同一属性不同取值的边权重的基本思路来自信息论[175]，出现概率越小的事务，当其出现时产生的信息量越大。因此，

若两个属性取值 c_j^l 和 $c_j^{l'}$ 在数据集中出现次数较少，表明当存在数据对象在属性 c_j 上取到这两个值时，这一数据对象贡献的信息量较大，相比于其他数据更应该被注意到。基于此，连接同一属性中不同取值节点边的权重被定义为式（4-5）。

特别地，若 G_{intra} 中仅存在 e_{intra}^+ 这一种类型的边，G_{intra} 会成为包含多个子图的非连通图，即属于同一属性的取值构成一个子图，不同属性的取值之间无边相连。因此，为每个节点 c_j^l 随机增加一条与其他属性的取值节点相连的边 $e_{\text{intra}}^- = \left\{ e\left(c_j^l, c_{j'}^{l''}\right) \middle| 1 \leq j \leq m, 1 \leq l \leq |c_j|, j \neq j' \right\}$。$e_{\text{intra}}^-$ 的作用仅在于连接不同属性的取值节点构成的子图，使得 G_{intra} 成为一个连通图，因此 e_{intra}^- 的权重被赋予一个较小的实数 β，如式（4-6）所示：

$$w_{\text{intra}}^- \left(c_j^l, c_{j'}^{l''}\right) = \beta \tag{4-6}$$

本章规定 β 取值为 0.01。此外，对 G_{intra} 中所有边的权重 $w_{\text{intra}} = \left(w_{\text{intra}}^+, w_{\text{intra}}^-\right)$ 也进行归一化处理，如式（4-7）和式（4-8）所示：

$$w_{\text{intra}}^+ \left(c_j^p, c_j^{p'}\right) = \frac{e^{w_{\text{intra}}^+ \left(c_j^p, c_j^{p'}\right)}}{\displaystyle\sum_{w \in w_{\text{intra}}} e^w} \tag{4-7}$$

$$w_{\text{intra}}^- \left(c_j^p, c_{j'}^q\right) = \frac{e^{w_{\text{intra}}^- \left(c_j^p, c_{j'}^q\right)}}{\displaystyle\sum_{w \in w_{\text{intra}}} e^w} \tag{4-8}$$

式中，w 指出现在基于分类属性内关系建立的网络 G_{intra} 中边的权重，包括 w_{intra}^+ 和 w_{intra}^-。

依据图 4-2 中的分类属性数据集示例，图 4-5 给出了基于分类属性内关系的网络示意图。"性别"、"专业"和"职业"属性内各个取值节点之间两两相连，由实线表示。此外为了保证网络的连通性，每个节点都随机与其他属性中的某个取值节点相连，由虚线表示，为了不影响挖掘分类属性内关系的准确性，随机增加的这些与其他属性中取值节点相连的边被赋予较小的权重。

本节分别基于分类属性间和属性内关系构建了加权网络 G_{inter} 和 G_{intra}，将两部分网络组合起来可以构成分类属性数据的加权异构网络 $G = (V, E)$，其中 V 表示网络中节点，同 G_{inter} 和 G_{intra} 一致，由数据集中所有分类属性取值构成。$E = \left\{ E_{\text{inter}}, E_{\text{intra}} \right\}$ 为连接网络中节点的边，包含反映分类属性间关系的 E_{inter} 和反映分类属性内关系的 E_{intra}。

基于构建好的分类属性数据加权异构网络，可以借鉴网络嵌入思想将隐含在网络结构中的分类属性取值关系学习至属性取值节点的深度数值表征中，进而依据属性取值与数据对象的对应关系获得分类属性数据的深度数值表征。4.4 节将介绍如何从构建好的加权异构网络中学习分类属性数据的深度特征。

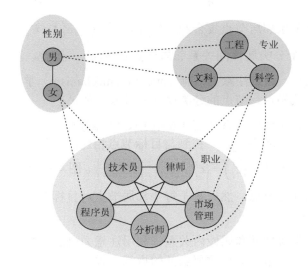

图 4-5 基于分类属性内关系的网络示意图

4.4 网络嵌入深度无监督特征学习

本节基于构建好的分类属性数据加权异构网络,挖掘其潜在的分类属性间和属性内关系,学习分类属性数据的深度数值表征。将特征学习过程分为两个阶段:分类属性取值的特征学习阶段和分类属性数据的特征学习阶段。

首先,利用网络嵌入的思想从构建好的分类属性数据加权异构网络中挖掘各个属性取值之间的分类属性间关系(IECAR)和分类属性内关系(IACAR),并学习属性取值节点的数值表征,完成分类属性取值的特征学习。接着,基于原始数据集中分类属性取值和数据对象之间的对应关系,将分类属性取值数值表征拼接起来得到分类属性数据的特征学习结果。

本节将分别介绍两个阶段的具体学习过程,其中,分类属性取值特征学习阶段是此过程的关键和难点。

4.4.1 分类属性取值的深度特征学习

基于网络嵌入的分类属性取值深度特征学习的基本思路如图 4-6 所示。以某一分类属性取值节点 c_j^i 为例,基于同其他属性取值节点的关系,学习其数值表征。学习过程分为三部分[176]。

(1)学习分类属性间关系(图 4-6 中 IECAR 部分)。这一部分首先需要依据分类属性间关系网络 G_{inter},识别出与目标节点有边相连的其他节点,组成目标节

点的分类属性间关系邻居节点集合 $O_{\text{inter}}\left(c_j^l\right)=\left\{c_{j'}^{l'}\left|e\left(c_j^l,c_{j'}^{l'}\right)\in E_{\text{inter}}\right.\right\}$，如图 4-6 中给出了节点 c_j^l 的两个分类属性间关系邻居节点 $c_{j'}^{l_1}$ 和 $c_{j'}^{l_2}$。接着，基于目标节点与邻居节点之间的关系，通过注意力机制（attention mechanism）学习邻居节点对目标节点的影响，并获得目标节点的分类属性间关系表征 e_j^l。

（2）学习分类属性内关系（图 4-6 中 IACAR 部分）。同样地，这一部分首先依据分类属性内关系网络 G_{intra}，找到与目标节点相连的其他节点，构成分类属性内关系邻居节点集合 $O_{\text{intra}}\left(c_j^l\right)=\left\{c_{j'}^{l'}\left|e\left(c_j^l,c_{j'}^{l'}\right)\in E_{\text{intra}}\right.\right\}$，图 4-6 给出了 $c_j^{l'}$ 和 $c_j^{l''}$ 这两个分类属性内关系邻居节点。然后基于每个邻居节点对目标节点的影响，学习其分类属性内关系表征 a_j^l。

（3）融合分类属性间和属性内关系。利用注意力机制，分别学习属性间关系和属性内关系各自对节点最终数值表征的贡献，并基于前两部分输出的分类属性间关系表征 e_j^l 和分类属性内关系表征 a_j^l，得到目标节点的最终数值表征 f_j^l。

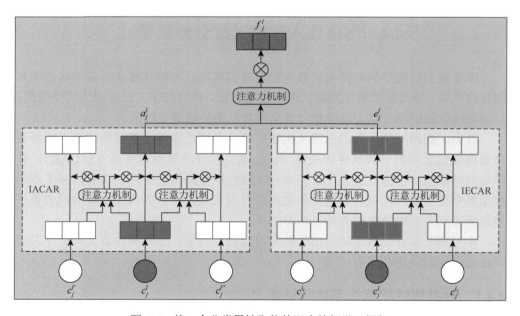

图 4-6 某一个分类属性取值的深度特征学习框架

下述分别介绍分类属性取值深度特征学习中三个过程的详细计算步骤。

（1）学习分类属性间关系。

对于某一分类属性取值 c_j^l，挖掘与其相关的分类属性间关系是基于 $G_{\text{inter}}=(V,E_{\text{inter}})$ 完成的，所有属性取值都转化为网络中一个节点，利用网络嵌入的方法学习属性取值节点的数值表征。基本思路是探索与目标节点通过 E_{inter} 这种类型边相连接的其他邻居节点对目标节点的影响，并将这种影响量化为邻居节点对目标节点的贡献，结合邻居节点的数值表征，计算目标节点的数值表征。

目标节点 c_j^l 的某一分类属性间关系邻居节点为 $c_{j'}^h \in O_{\text{inter}}\left(c_j^l\right)$，邻居节点 $c_{j'}^h$ 对目标节点 c_j^l 的影响利用注意力机制来探索，首先将节点映射到同一特征空间中：

$$h_j^l = W_1 \cdot c_j^l \tag{4-9}$$

式中，W_1 用于将属性取值节点映射到潜在特征空间中；h_j^l 为节点 c_j^l 在相应特征空间中的表征。将邻居节点 $c_{j'}^h$ 和目标节点 c_j^l 映射到同一特征空间后，可以计算 $c_{j'}^h$ 对 c_j^l 的贡献：

$$\delta\left(c_j^l, c_{j'}^h\right) = \text{LeakyReLU}\left(r_{\text{inter}} \cdot \left[h_j^l \middle\| h_{j'}^h\right]\right) \tag{4-10}$$

式中，r_{inter} 为可学习的参数；$\|$ 用于将映射后的表征连接起来；LeakyReLU 为激活函数，用于引入非线性因素，增强网络的学习能力。

通过式（4-10）可以计算得到 $O_{\text{inter}}\left(c_j^l\right)$ 中所有邻居节点对目标节点 c_j^l 的贡献，再利用 Softmax 函数对这些贡献进行归一化，得到邻居节点对目标节点影响的权重：

$$\alpha\left(c_j^l, c_{j'}^h\right) = \frac{\mathrm{e}^{\delta\left(c_j^l, c_{j'}^h\right)}}{\displaystyle\sum_{c_{j'}^h \in O_{\text{inter}}\left(c_j^l\right)} \mathrm{e}^{\delta\left(c_j^l, c_{j'}^h\right)}} \tag{4-11}$$

值得注意的是，依据式（4-10）和式（4-11）计算得到的影响权重，仅与邻居节点和目标节点自身的特征有关。并且，两个节点之间的影响权重是不对称的，邻居节点 $c_{j'}^h$ 对目标节点 c_j^l 的影响权重不一定等于目标节点 c_j^l 对邻居节点 $c_{j'}^h$ 的影响权重，计算结果受到 $\|$ 运算中连接的前后顺序和归一化的影响，这与现实情况是一致的，对象之间的影响力具有不对称性。

得到所有邻居节点 $O_{\text{inter}}\left(c_j^l\right)$ 对目标节点 c_j^l 的影响权重后，可以基于邻居节点的表征计算出目标节点的分类属性间关系表征 e_j^l：

$$e_j^l = \sigma\left(\sum_{c_{j'}^h \in O_{\text{inter}}\left(c_j^l\right)} \alpha\left(c_j^l, c_{j'}^h\right) \cdot h_{j'}^h\right) \tag{4-12}$$

式中，σ 为激活函数，本章研究采用 ELU 函数。式（4-12）的隐含意义为，目标节点的分类属性间关系表征由其全部邻居节点潜在特征及其对目标节点的影响权重决定。也就是说，e_j^l 能够反映目标节点与其全部邻居节点的分类属性间关系。

考虑到式（4-10）～式（4-12）都基于式（4-9）得到的节点潜在表征进行计算，若学习到的特征空间不适用于分类属性间关系的探索，则会影响后续所有计算过程。为解决这一问题，采用多头注意力机制，将以上操作重复 K 次，意味着可以在 K 个不同的特征空间中学习数据集的分类属性间关系，基于此得到属性取值的 K 个数值表征，通过连接操作输出分类属性取值最终的分类属性间关系表征：

$$e_j^l = \mathop{\|}_{k=1}^{K} \sigma\left(\sum_{c_{j'}^{l_1} \in O_{\text{inter}}(c_j^l)} \alpha\left(c_j^l, c_{j'}^{l_1}\right) \cdot h_{j'}^{l_1} \right) \qquad (4\text{-}13)$$

本小节基于网络嵌入基本思路，将分类属性取值看作网络的节点，属性间关系转化为网络的边，通过挖掘数据集中的分类属性间关系，学习节点的低维数值表征。具体地，利用注意力机制，在 K 个不同的特征空间中，学习目标节点 c_j^l 的所有分类属性间关系邻居节点 $O_{\text{inter}}\left(c_j^l\right)$ 对其的影响，获得目标节点 c_j^l 的 K 个数值表征，通过连接操作最终得到分类属性取值 c_j^l 的分类属性间关系表征 e_j^l。

（2）学习分类属性内关系。

这一部分通过学习分类属性内关系，获得目标属性取值 c_j^l 的低维数值表征，基本实现思路与上述部分相同。基于分类属性内关系网络 $G_{\text{intra}} = (V, E_{\text{intra}})$，利用网络嵌入和注意力机制，挖掘同一属性下不同取值之间的关系，学习分类属性取值的属性内关系表征。

以分类属性取值节点 c_j^l 为例，首先基于 G_{intra} 中所有与 c_j^l 有关的边 $e\left(c_j^l, c_j^{l'}\right) \in E_{\text{intra}}$ 找出 c_j^l 的所有分类属性内关系邻居节点 $O_{\text{intra}}\left(c_j^l\right)$。接着利用式（4-9）将目标节点 c_j^l 和其分类属性内关系邻居节点 $O_{\text{intra}}\left(c_j^l\right)$ 映射到同一特征空间中。在此基础上挖掘邻居节点对目标节点的分类属性内关系，学习方式同分类属性间关系一样，通过如下方式计算出各个邻居节点对目标节点的影响权重：

$$\delta\left(c_j^l, c_j^{l'}\right) = \text{LeakyReLU}\left(r_{\text{intra}} \cdot \left[h_j^l \,\|\, h_j^{l'} \right] \right) \qquad (4\text{-}14)$$

$$\alpha\left(c_j^l, c_j^{l'}\right) = \frac{\mathrm{e}^{\delta\left(c_j^l, c_j^{l'}\right)}}{\sum_{c_j^{l'} \in O_{\text{intra}}(c_j^l)} \mathrm{e}^{\delta\left(c_j^l, c_j^{l'}\right)}} \qquad (4\text{-}15)$$

式中，h_j^l 和 $h_j^{l'}$ 为目标节点 c_j^l 和其分类属性内关系邻居节点 $c_j^{l'} \in O_{\text{intra}}\left(c_j^l\right)$ 在同一特征空间中的潜在表征；$\delta\left(c_j^l, c_j^{l'}\right)$ 表示邻居节点 $c_j^{l'}$ 对目标节点 c_j^l 的贡献；$\alpha\left(c_j^l, c_j^{l'}\right)$ 表示归一化后 $c_j^{l'}$ 对 c_j^l 的影响权重。与分类属性间关系学习过程类似，影响权重的

计算具有不对称性，节点 $c_j^{l'}$ 对 c_j^l 的影响不一定等于节点 c_j^l 对 $c_j^{l'}$ 的影响。

为了更加充分地探索分类属性数据集中的分类属性内关系，基于多头注意力机制在 K 个不同的特征空间中，分别学习各个邻居节点对目标节点 c_j^l 的影响，并通过连接操作得到 c_j^l 最终的分类属性内关系表征：

$$a_j^l = \mathop{\|}\limits_{k=1}^{K} \sigma\left(\sum_{c_j^{l'} \in O_{\text{intra}}\left(c_j^l\right)} \alpha\left(c_j^l, c_j^{l'}\right) \cdot h_j^{l'} \right) \qquad (4\text{-}16)$$

此部分基于分类属性数据集的分类属性内关系网络 G_{intra}，将属性取值当作网络节点，属性内关系转化为网络边，基于网络嵌入和注意力机制，在多个特征空间中，挖掘邻居节点对目标节点 c_j^l 的影响，并依据各节点的潜在特征，学习出目标分类属性取值 c_j^l 的属性内关系表征 a_j^l。

至此，已经完成针对目标分类属性取值 c_j^l 的分类属性间关系和分类属性内关系的学习，分别获得 c_j^l 的分类属性间关系表征 e_j^l 和分类属性内关系表征 a_j^l。下面将介绍如何将两种关系表征 e_j^l 和 a_j^l 融合起来，得到目标属性取值 c_j^l 的最终深度数值表征。

（3）融合分类属性间和属性内关系。

分别挖掘分类属性数据集中的分类属性间和属性内关系之后，要将两者融合起来学习分类属性取值的最终数值表征。基本思路是利用注意力机制学习属性间关系特征和属性内关系特征对最终属性取值特征的影响程度，然后基于量化后的影响权重和两类关系表征，计算得到分类属性取值的最终表征。

首先衡量对于数据集总体的分类属性间和属性内关系重要程度。基于分类属性数据加权异构网络 $G = (V, E), E = \{E_{\text{inter}}, E_{\text{intra}}\}$，利用注意力机制学习每个属性取值节点的分类属性间和属性内关系重要程度，通过计算平均值，得到对于数据集 X 的分类属性间关系重要程度和分类属性内关系重要程度，计算方式如下：

$$\gamma_{\text{inter}} = \frac{1}{|V|} \sum_{c_j^l \in V} s \cdot \tanh\left(W_2 \cdot e_j^l + b \right) \qquad (4\text{-}17)$$

$$\gamma_{\text{intra}} = \frac{1}{|V|} \sum_{c_j^l \in V} s \cdot \tanh\left(W_2 \cdot a_j^l + b \right) \qquad (4\text{-}18)$$

式中，s、W_2 和 b 为可学习参数，W_2 和 b 用于将分类属性间关系表征和分类属性内关系表征映射到同一特征空间中，s 用于指导重要度的学习。随后，对 γ_{inter} 和 γ_{intra} 进行归一化处理：

$$\beta_{\text{inter}} = \frac{e^{\gamma_{\text{inter}}}}{e^{\gamma_{\text{inter}}} + e^{\gamma_{\text{intra}}}} \qquad (4\text{-}19)$$

$$\beta_{\text{intra}} = \frac{e^{\gamma_{\text{intra}}}}{e^{\gamma_{\text{inter}}} + e^{\gamma_{\text{intra}}}} \qquad (4\text{-}20)$$

式中，β_{inter} 和 β_{intra} 分别反映了分类属性数据集 X 中分类属性间和属性内关系的影响权重。基于此，可以将两类关系融合起来得到目标分类属性取值 c_j^l 的最终深度数值表征：

$$f_j^l = \beta_{\text{inter}} \cdot e_j^l + \beta_{\text{intra}} \cdot a_j^l \tag{4-21}$$

至此，完成了分类属性取值 c_j^l 的深度特征学习。

为使得这一表征能够反映网络中的分类属性间和属性内关系，定义训练过程的损失函数如下：

$$L = \varphi_1 L_{\text{intra}} + \varphi_2 L_{\text{inter1}} + (1 - \varphi_1 - \varphi_2) L_{\text{inter2}} \tag{4-22}$$

式中，L_{intra} 用于控制分类属性内关系的学习。网络 G_{intra} 中边 E_{intra} 的权重 W_{intra} 反映了分类属性数据集中同一属性下不同取值之间的关系，为使学习到的属性取值表征能够表达这种关系，定义 L_{intra} 如下：

$$L_{\text{intra}} = -\frac{1}{|E_{\text{intra}}|} \sum_{e(c_j^l, c_j^{l'}) \in E_{\text{intra}}} \left(w_{\text{intra}}\left(c_j^l, c_j^{l'}\right) \ln G\left(f_j^l, f_j^{l'}\right) + \left(1 - w_{\text{intra}}\left(c_j^l, c_j^{l'}\right)\right) \ln\left(1 - G\left(f_j^l, f_j^{l'}\right)\right) \right)$$

$$\tag{4-23}$$

式中，$G\left(f_j^l, f_j^{l'}\right)$ 表示 f_j^l 和 $f_j^{l'}$ 的高斯核相似度。这种定义方法采用了交叉熵损失函数的框架，基本思路是同一分类属性下两个取值的特征越接近，其对应的分类属性内关系越紧密。

L_{inter1} 和 L_{inter2} 都用于控制分类属性间关系的学习。区别在于，L_{inter1} 基于整个分类属性间关系网络 G_{inter}，反映总体的分类属性间关系学习损失，计算方式类似于分类属性内关系学习损失 L_{intra}，定义如下：

$$L_{\text{inter1}} = -\frac{1}{|E_{\text{inter}}|} \sum_{e(c_j^l, c_{j'}^{l_1}) \in E_{\text{inter}}} \left(w_{\text{inter}}\left(c_j^l, c_{j'}^{l_1}\right) \ln G\left(f_j^l, f_{j'}^{l_1}\right) + \left(1 - w_{\text{inter}}\left(c_j^l, c_{j'}^{l_1}\right)\right) \ln\left(1 - G\left(f_j^l, f_{j'}^{l_1}\right)\right) \right)$$

$$\tag{4-24}$$

而 L_{inter2} 关注分类属性间关系网络 G_{inter} 中每个属性取值节点，利用条件概率体现出所有分类属性间关系邻居节点与目标节点关系紧密程度的区别。以属性取值节点 c_j^l 为例，考虑其某一个邻居节点 $c_{j'}^{l_1}$ 相对于所有分类属性间关系邻居节点 $O_{\text{inter}}\left(c_j^l\right)$ 的重要性，c_j^l 与 $c_{j'}^{l_1}$ 关系的密切程度定义为

$$w_{\text{inter2}}\left(c_j^l, c_{j'}^{l_1}\right) = \frac{w_{\text{inter}}\left(c_j^l, c_{j'}^{l_1}\right)}{\sum\limits_{c_{j'}^{l_1} \in O_{\text{inter}}\left(c_j^l\right)} w_{\text{inter}}\left(c_j^l, c_{j'}^{l_1}\right)} \tag{4-25}$$

式中，分子为网络 G_{inter} 中目标节点 c_j^l 和其邻居节点 $c_{j'}^{l_1}$ 相连边的权重；分母为与目标节点 c_j^l 相连的所有分类属性间关系邻居节点的边权重之和。基于此，定义 L_{inter2} 如下：

$$L_{\text{inter2}} = -\frac{1}{|E_{\text{inter}}|} \sum_{e\left(c_j^l, c_{j'}^{l_1}\right) \in E_{\text{inter}}} \left(w_{\text{inter2}}\left(c_j^l, c_{j'}^{l_1}\right) \ln G\left(f_j^l, f_{j'}^{l_1}\right) + \left(1 - w_{\text{inter2}}\left(c_j^l, c_{j'}^{l_1}\right)\right) \ln\left(1 - G\left(f_j^l, f_{j'}^{l_1}\right)\right) \right)$$

（4-26）

明确基于网络嵌入的分类属性取值深度特征学习过程的损失函数后，通过梯度下降，迭代训练优化网络，直到损失值收敛，即可确定网络中的可学习参数，并且得到分类属性取值的深度数值表征。

值得注意的是，在学习分类属性取值潜在特征的过程中未涉及类标签等外部信息的输入，因此整个学习过程是无监督的，能够广泛适用于实际决策支持过程中面临的未标记分类属性数据。

4.4.2　分类属性数据的特征学习

基于 4.4.1 小节学习到的分类属性取值数值表征，依据原始特征空间中属性取值与数据对象之间的对应关系，通过连接操作可以得到分类属性数据的深度数值表征。

常用的组合方式有连接、求平均和求和三种，求平均和求和都会一定程度上扭曲学到的潜在特征，因此本小节选择连接操作进行组合，并且这种方式也是现有研究中最常用的组合方法：

$$x_i' = \mathop{\|}_{x_i' = c_j^l, 1 \leqslant j \leqslant m} f_j^l$$

（4-27）

将分类属性数据深度特征学习方法的具体实现步骤总结在算法 4-1 中。本章所提特征学习方法 NECAR 的输入除了原始分类属性数据集 X 之外，还包括多头注意力机制中的头数 K 以及损失函数中的权重参数 φ_1 和 φ_2。本章研究中规定 K 取值为 8，即在 8 个不同空间中分别进行特征学习，保留学习过程中多种潜在的可能。损失函数的权重参数则通过给定多种不同取值，利用实验选择出最优参数组合。

算法 4-1：基于网络嵌入的分类属性数据深度特征学习方法 NECAR

输入：分类属性数据集 $X = \{x_1, x_2, \cdots, x_i, \cdots, x_n\}, 1 \leqslant i \leqslant n$，其中每个数据对象由 m 个分类属性 $C = \{c_1, c_2, \cdots, c_j, \cdots, c_m\}, 1 \leqslant j \leqslant m$ 描述；

多头注意力机制中的头数：K；

损失函数中权重参数：φ_1，φ_2。

输出：分类属性数据的深度数值表征 $X' = \{x_1', x_2', \cdots, x_i', \cdots, x_n'\}, 1 \leqslant i \leqslant n$。

1. 基于分类属性数据集 X 构建加权异构网络 $G = (V, E), E = \{E_{\text{inter}}, E_{\text{intra}}\}$；
2. 初始化所有节点数值表征 $c_j^l, 1 \leqslant j \leqslant m, 1 \leqslant l \leqslant |c_j|$；

---

3. 对于分类属性间/内关系:

4.　　For $k \in \{1, 2, \cdots, K\}$:

5.　　　　For $c_j^l \in V$:

6.　　　　　　找出 c_j^l 在当前关系下的邻居节点集合 $O\left(c_j^l\right) \in \left\{O_{\text{inter}}\left(c_j^l\right), O_{\text{intra}}\left(c_j^l\right)\right\}$;

7.　　　　　　For $c \in O\left(c_j^l\right)$:

8.　　　　　　　　计算邻居节点 c 对目标节点 c_j^l 的贡献;

9.　　　　　　　依据所有邻居节点的潜在特征和贡献,计算 c_j^l 在当前关系下的数值表征;

10.　　将每个节点的 K 个表征连接起来,得到分类属性取值在当前关系下的数值表征;

11. 计算分类属性间和属性内关系对最终属性取值特征的影响权重;

12. 融合分类属性间和属性内关系得到属性取值的最终数值表征;

13. 计算损失函数,并反向传播训练网络,更新参数;

14. 训练结束,得到最终的分类属性取值深度数值表征;

15. 通过连接操作得到分类属性数据的深度数值表征:

$$X' = \left\{x_1', x_2', \cdots, x_i', \cdots, x_n'\right\}, \quad 1 \leqslant i \leqslant n$$

16. 输出 X'。

分类属性数据深度特征学习方法 NECAR 将原始分类属性数据集转化为加权异构网络,利用网络嵌入的思想充分挖掘数据集中不同属性取值间的关系,包括分类属性间和属性内关系,学习出分类属性取值的数值表征,通过连接操作,得到分类属性数据的深度数值表征。具体地,NECAR 首先基于分类属性数据集中的属性间关系和属性内关系,构建加权异构网络,属性取值构成网络节点,不同属性中或同一属性中的取值间关系反映为网络中的边及其权重。其次,利用网络嵌入的思路,学习网络中各个节点的数值表征,该表征能够反映网络中的拓扑关系,挖掘分类属性间和属性内关系,意味着学习到的分类属性取值数值表征蕴含了与该属性取值相关的所有关系。最后,将某一数据对象所包含全部分类属性取值对应的表征连接起来,就得到了该分类属性数据的深度数值表征。

4.4.3　深度无监督特征学习的优势分析

由分类属性数据深度特征学习方法 NECAR 的具体步骤可知,NECAR 方法相较已有相关特征学习方法具有明显优势。

已有分类属性数据特征学习方法存在的不足主要体现在:①学习过程依赖有监督信息;②未充分挖掘分类属性取值间关系;③特征学习中引入了聚类过程,

学习结果受聚类等第三方挖掘过程影响大，对参数影响敏感；④尚未出现相关研究利用网络嵌入思想解决分类属性数据特征学习问题。

相比于上述不足，NECAR 方法具有如下优势。

（1）NECAR 方法的分类属性数据深度特征学习过程仅基于数据本身，无须利用真实类标签等外部信息，属于无监督挖掘，适用于决策支持过程常见的未标记分类属性数据。

（2）将分类属性数据属性取值的属性间和属性内关系表达在加权异构网络中，基于网络嵌入思想，能够充分挖掘不同属性取值间关系，并将其表达在学习到的深度数值表征中。

（3）本章研究的深度特征学习过程中未嵌入聚类算法，不依赖于第三方分析过程，学习结果具有独立性，不受第三方算法选择及参数设置的影响。

（4）首次提出采用网络嵌入思想解决分类属性数据的特征学习问题，将结构化的分类属性数据转换为网络数据，为利用深度学习相关理论的成功经验，解决分类属性数据特征学习问题提供了新的有效的解决方案。

4.5　实　验　分　析

本节基于公开的分类属性数据集从三方面进行实验验证：①本章所提 NECAR 方法在分类属性数据集上的特征学习效果；②NECAR 方法学习到的分类属性数据深度数值表征对后续聚类分析效果的提升程度；③NECAR 方法特征学习结果受参数影响的敏感程度。

下述将首先介绍实验数据集和实验设计，再分别进行上述三方面实验验证分析。

4.5.1　实验数据集及设计

1. 数据集

采用美国加利福尼亚大学欧文分校建立的开源数据集——UCI Machine Learning Repository 中公开的 11 个分类属性数据集进行实验。各数据集基本信息描述如表 4-2 所示。可以看到，实验所用数据集从数据对象个数、分类属性个数和类别个数三个角度均覆盖了较大的范围，具备多种多样的数据特征。因此认为基于这 11 个数据集的实验结果能够较准确地验证本章所提分类属性数据深度特征学习方法 NECAR 的有效性。

表 4-2 中，BC、DE、MA、MU 和 PT 数据集中存在缺失值，实验中选择缺失值对应属性的取值众数进行填补。

表 4-2　NECAR 实验数据集

数据集名称	简称	数据对象个数	分类属性个数	类别个数
Breast Cancer	BC	286	9	2
Car Evaluation	CE	1728	6	4
Dermatology	DE	366	35	6
Lymphography	LY	148	18	4
Mammographic	MA	961	5	2
Mushroom	MU	5644	22	2
Primary Tumor	PT	339	17	22
Soybean_small	SB	47	35	4
Spect Heart Train	SH	80	22	2
Wisconsin	WI	699	9	2
Zoo	ZO	101	16	7

2. 实验设计

实验从三方面验证分类属性数据深度特征学习方法 NECAR 的有效性。

（1）直接验证 NECAR 方法对分类属性数据深度特征学习结果的准确性，通过衡量学习到的深度数值表征是否符合数据集的真实类别分布来进行验证。本实验选用的 11 个 UCI 公开数据集包含各自数据集中数据对象的真实类别分布，该类别分布不参与提出方法的特征学习过程，仅用于验证学习到的表征是否符合真实分布，即属于同一类的数值表征具有较大的相似性，属于不同类的数值表征具有较大的差异性。数值表征与真实类别分布的符合程度通过聚类内部有效性评价指标[97]来度量。

（2）间接验证 NECAR 方法特征学习结果对后续无监督挖掘任务的效用，通过验证学习到的分类属性数据深度数值表征是否有助于后续聚类分析任务效果的提升来实现。特征学习并不是分类属性数据无监督挖掘的最终目标，通常用于改善后续数据挖掘任务的表现，例如，提升聚类这一种典型的无监督挖掘任务的准确性。本节将基于学习到的数值表征进行聚类分析，验证提出的深度特征学习方法对聚类分析任务准确性的提升效果。聚类任务的表现将通过聚类外部有效性评价指标[96]来度量。

（3）对 NECAR 方法进行参数敏感性分析，通过衡量选择不同参数时 NECAR 方法深度特征学习结果准确性的变化来进行验证。同（1）中的验证方法一样，采用聚类内部有效性评价指标来度量特征学习结果的准确性。

前两方面实验验证中涉及的具体对比方法和评价指标将分别在 4.5.2 小节和

4.5.3 小节中详细介绍。4.5.4 小节进行参数敏感性分析，研究 NECAR 方法中损失函数的权重参数 φ_1 和 φ_2 对特征学习结果的影响。

4.5.2　准确性分析

本小节对提出 NECAR 方法的分类属性数据深度特征学习结果进行直接验证，与常用的分类属性数据编码方法——独热编码（one-hot，OH）、基于属性取值出现频率的编码方法（frequency，FQ）以及近年新提出的分类属性数据嵌入编码方法 CDE 进行对比，采用评价指标和可视化两种方式验证不同方法的分类属性数据特征学习结果准确性。

1. 评价指标验证结果分析

利用聚类内部有效性评价指标定量衡量分类属性数据特征学习结果的准确性。依据分类属性数据集的真实类别分布，利用聚类内部有效性评价指标衡量特征学习结果在同一类中的紧密程度和不同类中的分离程度，从而反映特征学习结果的准确性。

下述将分别介绍用于衡量的评价指标、特征学习方法的参数设置和特征学习准确性对比结果。

1）评价指标

采用两种聚类内部有效性评价指标 CH 指标和 S 指标对特征学习结果进行评价。CH 指标和 S 指标原本用于数值属性数据聚类结果的有效性评价问题，基于数据集的类标签，衡量同一类中数据对象的相似度（类内紧密度）和不同类中数据对象的差异度（类间分离度），类内紧密度和类间分离度程度越高，表示数据对象的分布状况与真实类别分布越接近。针对本实验中特征学习方法学习到的分类属性数据数值表征，结合数据集真实类别分布，利用 CH 指标和 S 指标衡量数值表征和真实类分布的匹配程度，从而达到评价特征学习结果准确性的目的。

CH 指标的计算方式如下：

$$\mathrm{CH}(\pi) = \frac{\dfrac{1}{T-1}\sum_{i=1}^{T}|C_i|d^2(c_i,c)}{\dfrac{1}{n-T}\sum_{j=1}^{T}\sum_{g=1}^{|C_j|}d^2\left(x_{C_j}^g,c_j\right)} \tag{4-28}$$

式中，n 为数据集中数据对象个数；T 为类别数；$|C_i|$ 为第 i 个类中数据对象个数；c_i 为第 i 个类的类中心；c 为数据集的中心；$x_{C_j}^g$ 为第 j 个类中的第 g 个数据对象。式（4-28）的分子用于衡量类间分离度，分母用于衡量类内紧密度。S 指标的计算方式如下：

$$S(\pi) = \frac{1}{T} \sum_{i=1}^{T} \left(\frac{1}{|C_i|} \sum_{g=1}^{|C_i|} \frac{b\left(x_{C_i}^g\right) - a\left(x_{C_i}^g\right)}{\max\left(b\left(x_{C_i}^g\right), a\left(x_{C_i}^g\right)\right)} \right) \tag{4-29}$$

式中，$a\left(x_{C_i}^g\right)$ 和 $b\left(x_{C_i}^g\right)$ 分别用于反映数据对象 $x_{C_i}^g$ 的类内紧密度和类间分离度，具体计算方式可以参考文献[60]。

2）参数设置

本实验中 NECAR 方法的多头注意力机制参数设置为 8，对于损失函数的权重参数 φ_1 和 φ_2，首先固定 $\varphi_1 = 0.3$，φ_2 取值范围为 $\{0,0.1,0.2,0.3,0.4,0.5,0.6,0.7\}$，再固定最优 φ_2，φ_1 取值范围为 $\{0,0.1,0.2,0.3,0.4,0.5,0.6,0.7\}$ 进行实验。

对比方法 OH 和 FQ 无须设置参数，CDE 方法中需要设置用于确定聚类个数的参数 α 和用于降维的参数 β，本实验依据 CDE 方法原始文献[73]中的默认参数，确定 α 取值为 10，β 取值为 10^{-10}。

3）对比结果

不同特征学习方法在 11 个分类属性数据集上特征学习结果的 CH 指标和 S 指标评价效果展示在表 4-3 和表 4-4 中。由于 NECAR 是基于神经网络的方法，不同训练批次可能会产生不同的学习结果，本实验基于 NECAR 方法在每个数据集上的最优参数组合重复进行 5 次实验，表中列出了针对 5 次特征学习结果的评价指标平均值、最小值和最大值。对于对比方法 FQ、OH 和 CDE，若其在某数据集上的表现最优，则该指标结果加粗表示；若表现次优，则指标结果用斜体表示。对于 NECAR，若在某数据集上的评价指标值优于对比方法，则相应指标值加粗表示。

（1）CH 指标验证结果分析。

由表 4-3 可知，分类属性数据深度特征学习方法 NECAR 对应的 CH 指标评价结果平均值和最大值在 10 个数据集（除了 MA 数据集）上的表现都优于对比方法，NECAR 方法对应的 CH 指标评价结果最小值在 9 个数据集（除了 CE 和 MA 数据集）上表现最优。表明基于 CH 指标的评价标准，NECAR 方法能够学习到更准确的分类属性数据深度特征。此外，CDE 特征学习方法仅在 MA 数据集上的指标评价表现最好，在除了 CE 之外的其他数据集上表现均为次优，仅劣于 NECAR 方法。OH 方法只在 CE 和 MA 两个数据集上的指标评价表现排名第二，分别劣于 NECAR 和 CDE 方法。而 FQ 方法在所有数据集上特征学习结果的评价表现均未达到前两名。

基于以上分析，由 CH 指标评价结果可以知道，相比于三种分类属性数据特征学习对比方法，NECAR 方法能够获得更加准确的分类属性数据深度数值表征，更真实地反映原始数据集中数据对象间的关系。

表 4-3 分类属性数据特征学习结果的 CH 指标评价效果对比

数据集	FQ	OH	CDE	NECAR（平均值）	NECAR（最小值）	NECAR（最大值）
BC	7.5931	6.9460	*9.6331*	**37.5313**	**32.5453**	**42.9477**
CE	30.2481	*31.9634*	18.7391	**43.8840**	30.7704	**53.2885**
DE	30.5009	32.9537	*77.2625*	**1860.2621**	**1511.3045**	**2307.3927**
LY	6.3137	5.9806	*7.4115*	26.4721	**24.4523**	**28.3008**
MA	81.3543	*126.9308*	**246.8091**	51.4691	21.0545	67.1636
MU	761.0752	884.5096	*1268.9984*	**1677.1608**	**1568.4894**	**1785.8322**
PT	4.9845	5.0322	*5.9395*	**7.2036**	**7.0509**	**7.3327**
SB	14.4782	16.0764	*36.4324*	**370.1169**	**347.6413**	**398.9312**
SH	6.9066	6.9769	*6.9908*	**29.2148**	23.6415	**31.2103**
WI	216.6436	164.0064	*459.6857*	**1855.3626**	**1641.5097**	**2110.4076**
ZO	31.0576	31.4521	*36.8302*	**148.3791**	**140.5570**	**160.1263**

表 4-4 分类属性数据特征学习结果的 S 指标评价效果对比

数据集	FQ	OH	CDE	NECAR（平均值）	NECAR（最小值）	NECAR（最大值）
BC	0.0430	0.0398	*0.0563*	**0.1509**	**0.1343**	**0.1832**
CE	*−0.0053*	**−0.0044**	−0.0898	−0.0589	−0.1669	**−0.0011**
DE	0.0791	0.0968	*0.1922*	**0.2968**	**0.2817**	**0.3234**
LY	0.0637	0.0550	*0.0686*	**0.0740**	0.0590	**0.0966**
MA	0.0800	*0.1152*	**0.2071**	0.0382	0.0363	0.0414
MU	0.1369	0.1509	*0.2083*	**0.2593**	**0.2584**	**0.2602**
PT	−0.0873	*−0.0834*	**−0.0819**	−0.3089	−0.3231	−0.2898
SB	0.2621	0.2876	*0.4347*	**0.7622**	**0.7562**	**0.7682**
SH	0.0976	0.0975	*0.0977*	**0.2095**	**0.2010**	**0.2188**
WI	0.2886	0.2498	*0.4236*	**0.6888**	**0.6689**	**0.7124**
ZO	0.3769	0.3741	*0.4093*	**0.4947**	**0.4786**	**0.5206**

（2）S 指标验证结果分析。

表 4-4 给出了 S 指标对不同方法学习到的分类属性数据数值表征的评价结果。从 NECAR 方法对应的 S 指标评价结果的平均值来看，NECAR 方法在除了 CE、MA 和 PT 的其余 8 个数据集上表现均优于其余三个对比方法；从最小值来看，NECAR 在 7 个数据集上的表现优于对比方法；从最大值来看，NECAR 在除了 MA 和 PT 的 9 个数据集上表现均优于对比方法。此外，CDE 方法在 MA 和 PT 两个数据集上 S 指标评价结果表现最优，在除了 CE 的其他 8 个数据集上表现排

名第二。OH 方法在 CE 数据集上的 S 指标表现最优，在 MA 和 PT 数据集上表现次优。而 FQ 方法仅在 CE 数据集上的 S 指标表现排名第二。

由此可知，基于 S 指标的评价标准，相比于已有的特征学习方法，NECAR 方法可以学习出最准确的分类属性数据深度数值表征，该表征蕴含了原始数据集中的有用信息，符合数据集的真实类别分布。

（3）不同方法特征学习结果表现最优次数对比。

为了更清晰地展示 NECAR 方法与其他对比方法在不同评价指标上的分类属性数据特征学习能力，将每种方法在 CH 和 S 指标上表现最优的次数统计在图 4-7 和图 4-8 中，其中，NECAR 方法依据评价结果平均值进行统计。

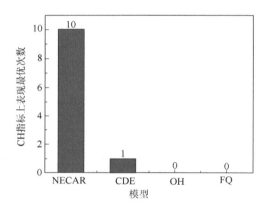

图 4-7 不同特征学习方法在 CH 指标上表现最优的次数

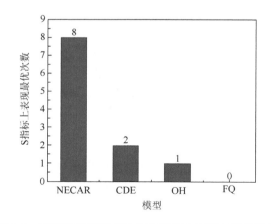

图 4-8 不同特征学习方法在 S 指标上表现最优的次数

由图 4-7 可知，在 CH 指标评价结果中，NECAR 方法在 10 个数据集上获得了最优表现，CDE 方法仅在一个数据集上表现最优，其余两个对比方法在所有数据集上都未获得最优的特征学习表现。

图 4-8 所示结果与图 4-7 类似，在 S 指标评价结果下，NECAR 方法表现最优次数远大于对比方法。其余三个对比方法的表现从优到劣依次为 CDE、OH 和 FQ 方法。

综上所述，相比于已有的分类属性数据特征学习方法，NECAR 方法能够充分挖掘分类属性数据集中潜在的属性间和属性内关系，利用网络嵌入思想，将这些关系嵌入至分类属性数据的深度数值表征中，使其蕴含了原始数据集中的关键有用信息，且符合原数据集的真实类别分布。

2. 可视化验证结果分析

此部分利用可视化方法，直观地比较本实验中不同方法对分类属性数据的特征学习结果有效性。本实验给出四种特征学习方法在 CE、SH 和 ZO 三个公开分类属性数据集上的数值表征可视化结果。此处采用常用的降维工具 t-SNE[177]将学习到的高维数值表征降为两维，并绘制于图 4-9、图 4-10 和图 4-11 中。图中的一个点代表一个数据对象，点的颜色表示该数据对象所属类别，颜色相同的点属于同一类别。对于不同方法学习到的分类属性数据数值表征，好的表征能够反映出原始数据集中数据对象的类别分布，意味着图中相同颜色的点应彼此靠近。

1）CE 数据集可视化结果对比

图 4-9 展示了本实验四种特征学习方法在 CE 数据集上学习到的特征可视化结果。图 4-9（a）中存在明显的蓝色点聚成的类，其他颜色点虽然存在交叉分布现象，但整体上不同颜色点的有序分布状况仍明显优于其余三个子图。这意味着，NECAR 方法对应的可视化结果中，同种颜色点的聚集程度均明显优于其他三种对比方法。表明 NECAR 方法能够深入挖掘出 CE 数据集的潜在特征，并且学习到的深度数值表征中蕴含了准确的分类属性数据间关系。

2）SH 数据集可视化结果对比

图 4-10 展示了基于 SH 数据集的特征学习可视化结果。由图 4-10 可知，NECAR 和 CDE 方法对应子图中同种颜色点的分布更加集中，其在此数据集上的特征学习可视化结果明显优于另外两种方法。此外，与图 4-10（b）相比，图 4-10（a）中存在明显的蓝色点聚集区（左上角部分）和绿色点聚集区（右下角部分），而图 4-10（b）中存在蓝色点包围红色点的现象，无法清楚地区成两部分。因此，可以认为 NECAR 方法学习到的特征能够更准确地反映 SH 数据集的原始数据分布。

3）ZO 数据集可视化结果对比

图 4-11 展示了四种特征学习方法在 ZO 数据集上的特征学习可视化结果。显而易见，图 4-11（c）和图 4-11（d）中不同颜色点的分布混乱，意味着 OH 和 FQ 方法在此数据集上的特征学习结果较差。此外，与图 4-11（b）相比，图 4-11（a）中

点的分布更加规整，不同颜色点之间不存在明显的交叉现象，而图 4-11（b）中绿色点被蓝色点、黄色点和黑色点集群分割开，存在少量的不同颜色点混合分布现象。由此可知，本章所提 NECAR 方法在 ZO 数据集上获得了更准确的深度数值表征，能够反映原始类别分布。

综上，此部分基于 CE、SH 和 ZO 三个公开数据集，利用可视化方法直观地展示了本实验中不同特征学习方法对分类属性数据特征学习结果的准确性。可视化结果表明，NECAR 方法在分类属性数据特征学习能力上具有显著优势，能够准确挖掘出数据对象之间的潜在关系。

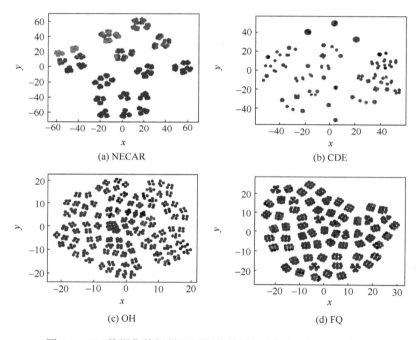

图 4-9　CE 数据集特征学习可视化结果（彩图扫封底二维码）

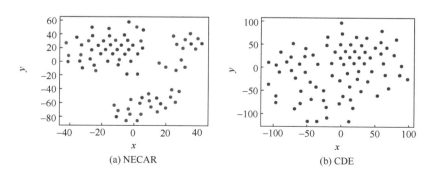

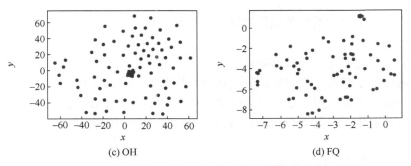

(c) OH　　　　　　　　　　　　　(d) FQ

图 4-10　SH 数据集特征学习可视化结果（彩图扫封底二维码）

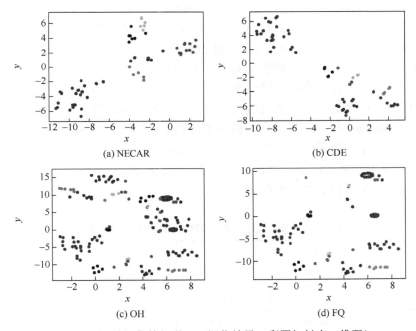

图 4-11　ZO 数据集特征学习可视化结果（彩图扫封底二维码）

　　基于上述的评价指标和可视化两部分验证结果可以知道，本章所提 NECAR 方法均获得了明显优于对比方法的分类属性数据特征学习结果，表明本章利用深度无监督特征学习和网络嵌入基本思想，学习分类属性数据的深度数值表征这一思路是可行并且成功的，学习到的表征能够反映出原始分类属性数据集中潜在的分类属性间和属性内关系，同时符合真实的数据对象类别分布。

4.5.3　深度特征对聚类效果的提升分析

　　4.5.2 小节验证了 NECAR 方法具有优秀的分类属性数据深度特征学习能力，

本小节将基于学习到的分类属性数据深度数值表征，验证其在后续数据挖掘任务中的作用。

聚类是常见的无监督数据挖掘任务，本小节以聚类分析作为后续挖掘任务。基于不同特征学习方法学习到的分类属性数据数值表征，采用经典的 k-means 聚类算法分别对其进行聚类划分，通过聚类外部有效性评价指标 F1-score[178]评价聚类结果与数据集实际类别分布的一致性，以验证学习到的表征对聚类分析效果的提升程度。

F1-score 指标计算方式如下：

$$F1\text{-score} = 2 \times \frac{\text{precision} \times \text{recall}}{\text{precision} + \text{recall}} \tag{4-30}$$

式中，precision 反映了被聚类到同一类中的数据对象中，有多少原本确定属于同一类；recall 用于揭示原本属于同一类的数据对象中有多少被划分到同一类中。F1-score 为常用的、衡量两种类别分布（本小节中指真实类分布和聚类后得到的类分布）一致性的评价指标，通过衡量原本在一类中聚类后仍在一类中的数据对象占比情况，度量聚类结果的准确性，取值越大表示聚类效果越准确。

由于 k-means 聚类结果受到随机初始化类中心的影响，本实验基于不同特征学习方法在每个分类属性数据集上学到的数值表征，分别进行 10 次 k-means 聚类，统计 10 次聚类结果 F1-score 指标的平均值，展示在表 4-5 中，每个数据集对应的最优 F1-score 指标评价结果加粗表示。

表 4-5　基于分类属性数据学习特征的聚类评价结果对比

数据集	FQ	OH	CDE	NECAR
BC	0.729242	0.483755	**0.73646**	0.731769
CE	0.308275	0.369965	0.337963	**0.42315**
DE	0.800546	**0.91749**	0.79235	0.668852
LY	0.508108	0.49527	0.529054	**0.57432**
MA	**0.81977**	0.817898	0.788762	0.583767
MU	**0.854**	**0.854**	0.853827	0.838342
PT	0.29469	0.3059	**0.31622**	0.270206
SB	**1**	**1**	**1**	**1**
SH	0.72	0.72125	0.7225	**0.7375**
WI	0.942775	0.947067	**0.97139**	0.939914
ZO	0.794059	0.755446	0.848515	**0.87569**

1. 基于特征学习结果的聚类评价结果对比

从表 4-5 可以看到，基于 FQ 和 OH 方法学习到数值表征的聚类效果分别在三个数据集上表现最优，CDE 方法的特征学习结果在四个数据集上获得了最好的聚类表现，本章提出的 NECAR 方法在五个数据集上的特征学习结果对后续聚类分析表现的改进效果最优。

因此，从 F1-score 指标对聚类划分评价结果的表现来看，相比于特征学习方法，本章所提 NECAR 方法学习到的分类属性数据深度数值表征，对后续聚类分析任务的提升效果最明显。

2. 基于特征学习结果的聚类表现最优次数对比

为了更清晰地展示本实验中四种方法的分类属性数据特征学习结果，针对后续聚类分析任务的改进效果，将每种方法在 F1-score 指标评价下的聚类表现最优次数绘制在图 4-12 所示的柱状图中。从图中可以看出，与其他方法相比，NECAR 方法在最多的数据集上获得了最优表现。因此可以得出结论，本章所提 NECAR 方法学习到的分类属性数据深度数值表征，能够获得最佳的聚类分析任务提升效果。

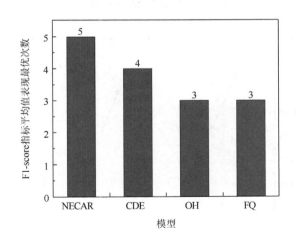

图 4-12　基于分类属性数据学习特征的聚类表现最优次数

综上所述，本小节利用聚类外部有效性评价指标，分析了基于不同特征学习方法学习到的分类属性数据数值表征，进行聚类后用 F1-score 指标评价的效果。实验结果表明，基于本章所提 NECAR 方法的分类属性数据深度数值表征能够获得更好的聚类分析效果。

4.5.4 参数敏感性分析

本小节基于表 4-2 中的数据集 SB 对分类属性数据深度特征学习方法 NECAR 进行参数敏感性分析。

NECAR 方法需要预先确定三个参数：多头注意力机制中的头数 K、损失函数中的权重参数 φ_1 和 φ_2。此处主要针对损失函数权重参数 φ_1 和 φ_2，分析其对特征学习结果的影响。

本实验中 NECAR 方法的多头注意力机制参数的头数 K 设置为 8，对于损失函数的权重参数 φ_1 和 φ_2，首先固定 $\varphi_1 = 0.3$，φ_2 的取值范围为 0～0.7，每两个取值之间的间隔为 0.1，即 φ_2 取值范围为 $\{0, 0.1, 0.2, 0.3, 0.4, 0.5, 0.6, 0.7\}$，观察聚类内部有效性评价指标 S 对特征学习结果的评价变化。如图 4-13 所示，当固定 φ_1 时，随着 φ_2 的增大，NECAR 在 SB 数据集上特征学习结果的 S 指标值存在先下降后提升的表现。

然后固定 $\varphi_2 = 0.5$，φ_1 的取值范围为 0～0.7，每两个取值之间的间隔为 0.1，即 φ_1 取值范围为 $\{0, 0.1, 0.2, 0.3, 0.4, 0.5, 0.6, 0.7\}$，观察特征学习结果准确性的变化程度。如图 4-14 所示，当固定 φ_2 时，随着 φ_1 的增大，NECAR 在 SB 数据集上特征学习结果的 S 指标存在先下降再上升后平稳的表现。

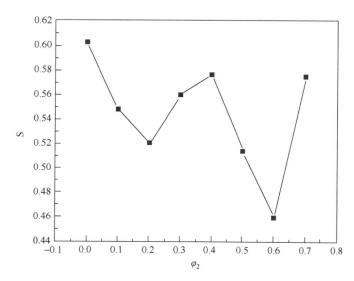

图 4-13　固定 φ_1 时，φ_2 取值的变化对特征学习结果的影响

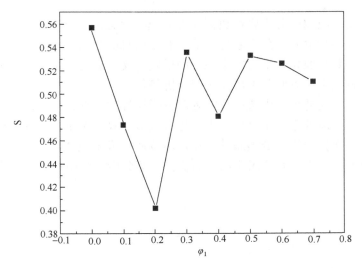

图 4-14　固定 φ_2 时，φ_1 取值的变化对特征学习结果的影响

4.6　本章小结

本章针对决策支持过程常面临的分类属性数据，研究将其从原始特征空间映射到决策空间中，学习决策空间表征的问题，借鉴深度无监督特征学习和网络嵌入基本思想，提出了分类属性数据深度特征学习方法 NECAR，具体研究成果如下。

（1）依据分类属性数据集中不同属性取值的属性间关系和属性内关系，提出了基于分类属性数据的加权异构网络构建方法。此方法能够将结构化的分类属性数据转化为非结构化的网络数据，并将原始数据集中的有用信息表达在网络结构中，为弥补分类属性数据不可微且不可进行代数运算的缺陷、将深度学习在非结构化数据特征学习上的优势应用到分类属性数据中奠定了数据基础。

（2）基于分类属性数据加权异构网络，利用网络嵌入思想，提出了分类属性数据深度特征学习方法。此方法能够挖掘出原始数据集中隐含的属性间和属性内关系，学习到全部分类属性取值的数值表征，从而获得分类属性数据的深度数值表征。

（3）基于公开分类属性数据的实验分析表明，本章提出的分类属性数据深度特征学习方法能够解决已有相关研究中存在的分类属性取值间关系的挖掘能力不足且学习结果受参数影响敏感的问题，学习到的表征不仅蕴含了原始数据集中的潜在特征，符合真实数据分布，还能提升后续聚类分析任务的准确性。

本章研究成果在支持管理决策过程中具有如下实际意义。

（1）将实际应用中分类属性数据隐含的现实含义传导至决策空间中，保证后续决策分析任务能够基于蕴含着尽可能多有用信息的数据展开。本章所提方法能够将分类属性数据原始特征空间中隐含的现实含义，通过网络嵌入的方法学习到其深度数值表征中，以服务于后续决策分析任务。

（2）为决策支持过程中选择能够处理分类属性数据的分析方法提供了更多可能。受制于分类属性数据不可微且不可进行代数运算的不足，当前先进的深度学习等方法无法直接应用于分类属性数据，本章研究成果能够学习出分类属性数据的深度数值表征，为将其应用于已有的优秀决策分析方法中扫清了障碍。

第5章　分类属性数据深度聚类

本章以第 4 章分类属性数据深度无监督特征学习方法为基础，面向决策支持过程中的决策分析阶段，研究分类属性数据的深度聚类问题，基于第 4 章构建好的分类属性数据加权异构网络，借鉴深度聚类基本思想，提出面向决策分析过程的分类属性数据深度聚类方法。

本章所提方法能够充分挖掘分类属性数据中属性取值蕴含的实际含义，基于此获得更加准确的聚类划分结果，具有明确的理论研究意义和实际应用价值。理论上，借鉴深度聚类在非结构化数据和结构化数值属性数据聚类中的成功经验，解决已有相关研究存在的分类属性数据间关系度量不精准，影响聚类结果准确性的问题。实践中，深入发掘分类属性数据间关系，提升此类型数据的聚类划分效果，为决策分析过程处理分类属性数据提供有效的挖掘方法。

5.1　决策支持中的深度聚类需求

决策分析是决策支持过程的关键环节，本章基于原始分析数据在决策空间中的表征，利用数据挖掘等分析技术从中发现潜在有用的知识模式，以支持管理决策过程。

分类属性数据是实际决策支持过程面临的分析数据中的重要组成部分，本章关注分类属性数据在决策分析过程中的深度聚类分析问题。图 5-1 以人才招聘为例展示了分类属性数据聚类分析在决策支持过程中的实际需求。面对企业收集到的未标记的人才数据，如何快速准确地从中识别出符合企业需求的人才是企业在招聘过程中面临的主要问题之一。人才细分是处理未标记人才数据的常用方法，基于人才数据的决策空间表征，将其划分至不同类别中，同一类中的人才特点相近，不同类中的人才特点具有较大差异。基于此，企业可以通过分析不同类型人才差异，识别出满足招聘需求、需要重点关注的人才类型和群体。

人才细分属于聚类分析在人才招聘领域的应用问题。基于人才数据的分类属性特征（已在 4.1 节中介绍），可以从人才招聘此类的实际管理问题中抽象出科学研究问题，即分类属性数据的聚类分析。

本章针对决策支持过程中的决策分析过程阶段，研究分类属性数据深度聚类分析这一科学问题的解决方法，弥补传统方法存在的分类属性数据间关系度量不精准进而影响聚类结果准确性的缺陷。此外，7.4.1 小节还将本章研究成果应用于人才招聘决策支持实际问题中，展现其实际应用价值。

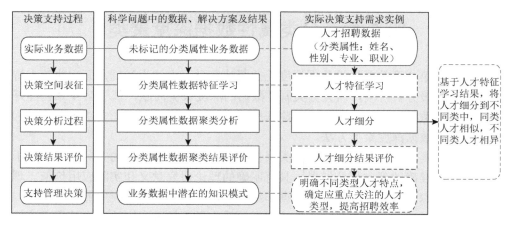

图 5-1　分类属性数据聚类分析——决策支持中的实际需求

5.2　分类属性数据深度聚类问题

本节首先明确分类属性数据深度聚类的问题特征及内涵，再介绍进行分类属性数据深度聚类的基本研究思路及需要解决的关键难点。

5.2.1　问题特征及内涵

数据集 $X = \{x_1, x_2, \cdots, x_i, \cdots, x_n\}$ $(1 \leqslant i \leqslant n)$ 中包含由 m 个分类属性 $C = \{c_1, c_2, \cdots, c_j, \cdots, c_m\}$ $(1 \leqslant j \leqslant m)$ 描述的 n 个分类属性数据，其中，数据对象 x_i 表示为 $x_i = [x_i^1, x_i^2, \cdots, x_i^j, \cdots, x_i^m]$，属性 c_j 在数据集 X 中出现了 $|c_j|$ 个取值，分别是 $c_j = \{c_j^1, c_j^2, \cdots, c_j^l, \cdots, c_j^{|c_j|}\}$。本章在第 4 章分类属性数据深度特征学习的基础上，借鉴深度聚类的基本思路，研究分类属性数据深度聚类问题，实现分类属性数据的类别划分，并且能够同时获得具有聚类任务导向的分类属性数据深度数值表征。深度聚类完成后，可以获得两种输出。

第一种是数据集中每个数据对象的隶属类别标签 $Q^h = \{q_1^h, q_2^h, \cdots, q_i^h, \cdots, q_n^h\}$，其中 q_i^h 代表数据对象 x_i 所属的类别，T 为聚类完成后得到的类别数，即集合 Q^h 中出现 T 个取值。

第二种是数据集中每个分类属性数据的深度数值表征 $X' = \{x_1', x_2', \cdots, x_i', \cdots, x_n'\}$ $(1 \leqslant i \leqslant n)$，其中第 i 个数据对象 x_i' 表示为 $x_i' = [x_i^{1'}, x_i^{2'}, \cdots, x_i^{g'}, \cdots, x_i^{h'}]$，

其由 h 个数值属性 $U = \{u_1, u_2, \cdots, u_g, \cdots, u_h\}$ $(1 \leqslant g \leqslant h)$ 描述。

此问题的目标是依据输入原始特征空间中的分类属性数据集 $X = \{x_1, x_2, \cdots,$ $x_i, \cdots, x_n\}$ $(1 \leqslant i \leqslant n)$，输出聚类划分结果 $Q^h = \{q_1^h, \cdots, q_i^h, \cdots, q_n^h\}$，同时获得在具有聚类导向决策空间中的深度数值表征 $X' = \{x_1', x_2', \cdots, x_i', \cdots, x_n'\}$ $(1 \leqslant i \leqslant n)$，本质在于通过挖掘分类属性数据中隐含的属性取值现实含义及其相关关系，精确度量分类属性数据间关系，并依据数据对象间关系的紧密程度将其划分到不同类中。

5.2.2 网络嵌入深度聚类思路

为精准度量分类属性数据间关系，并基于此实现分类属性数据的聚类划分，本章在第 4 章分类属性数据深度无监督特征学习研究成果基础上，借鉴并融合深度聚类和网络嵌入基本思想，提出网络嵌入分类属性数据深度聚类（network-based categorical data deep clustering，NECAID）。

NECAID 基本思路如图 5-2 所示。首先，基于第 4 章给出的网络构建方法建立分类属性数据加权异构网络，属性取值构成网络节点，属性取值间关系组成网络中的加权边，并利用第 4 章研究成果 NECAR 方法学习各个节点对应的分类属性取值的深度数值表征；其次，提出网络节点的对齐编码，在网络中保存分类属性取值到数据对象的对应关系，实现在网络训练过程中就能基于属性取值的数值表征还原出分类属性数据数值表征的目的；再次，借鉴经典深度聚类 DEC 方法基本思想，基于特征学习后得到的分类属性数据数值表征，初始化类中心，并对数据对象进行软分配，获得数据对象到各个类的隶属概率分布并计算聚类损失；最后，将聚类损失与特征学习损失结合起来统一训练，同时完成分类属性数据的深度聚类和深度特征学习。

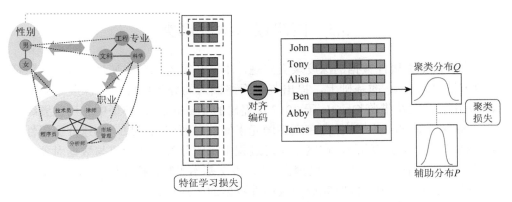

图 5-2 分类属性数据深度聚类方法 NECAID 的基本思路

采用此思路研究分类属性数据深度聚类问题，需要解决两个关键难点。

（1）在网络训练过程中基于分类属性取值的数值表征还原出分类属性数据的数值表征。第 4 章分类属性数据深度特征学习是本章研究的基础，在网络训练过程中，利用第 4 章 NECAR 方法学习得到分类属性取值的数值表征后，需要还原出分类属性数据的数值表征才可进行后续聚类处理。然而，第 4 章所提方法是在原始特征空间中将某一分类属性数据的全部属性取值数值表征拼接起来得到数据对象的深度数值表征，这种非自动化的方法无法直接应用于网络训练中。因此，如何在网络训练中基于属性取值直接还原出数据对象是本章研究需要解决的难题。

（2）向网络训练过程中引入聚类目标，同时实现分类属性数据的特征学习和聚类划分，还要注意避免由过度考虑聚类目标导致扭曲决策空间，进而影响聚类效果。大多数已有深度聚类方法基于编码器解码器框架进行研究[179]，少部分与网络结合的深度聚类研究向网络训练中引入聚类目标[180]，但由于分别训练聚类损失和网络重构损失导致学习到的特征空间产生扭曲，丧失了原始数据集中的潜在特征，影响聚类结果准确性。并且，目前大部分深度聚类方法无法应用于分类属性数据。因此，在分类属性数据深度聚类中，如何有效引入聚类目标并且不会扭曲学习的特征空间，是本章研究面临的关键难题。

后续 5.3.1 小节针对第一个难点，提出了分类属性取值的对齐编码（alignment encoding），解决网络训练过程中属性取值到数据对象的对齐问题。5.3.2 小节和 5.3.3 小节解决第二个难点，首先，在分类属性数据加权异构网络上构建聚类损失，并明确类中心初始化方法；其次，以融合训练的模式同时训练聚类损失和特征学习损失，防止聚类目标扭曲分类属性数据的决策空间；最后，提出分类属性数据深度聚类方法 NECAID。

5.3 网络嵌入深度聚类

为解决分类属性数据的深度聚类问题，本章在第 4 章分类属性数据深度特征学习方法 NECAR 的基础上，提出基于网络嵌入的分类属性数据深度聚类方法 NECAID。此方法借鉴 Google 于 2017 年提出的 Transformer 模型中利用位置编码（positional encoding）[181]保留序列不同元素间前后顺序的思想，构建分类属性取值到数据对象的对齐编码，在网络学习过程中保留分类属性取值与数据对象间的对应关系，并且融合经典的深度聚类 DEC 方法基本思想，构建聚类损失，将其统一至特征学习过程中，同时完成分类属性数据的类别划分和特征学习，可使学习到的深度数值表征具有聚类导向特性。

本节首先介绍分类属性数据加权异构网络中的对齐编码，接着明确基于网络嵌入的分类属性数据深度聚类损失函数和类中心初始化方法,最后给出深度聚类的具体步骤并进行特征分析。

5.3.1　加权异构网络中的对齐编码

本章研究分类属性数据深度聚类面临的难题之一,即在网络训练过程中解决分类属性取值和分类属性数据之间的对齐问题。第 4 章基于网络嵌入的方法解决分类属性数据的深度特征学习问题,本章同样基于网络嵌入解决该类型数据的深度聚类问题,利用网络嵌入的关键就是将分类属性数据转化成网络的形式,这一步在 4.3 节中已经给出了解决方案,提出了基于分类属性数据的加权异构网络构建方法。这种转化带来的问题就是网络中仅保留了属性取值之间的关系,舍弃了属性取值和数据对象之间的对应关系。因此,本节研究如何在网络中保留已转化为节点的分类属性取值和原始数据对象之间的对应关系,并提出对齐编码这一解决方案。利用该方案可以在网络训练过程中,基于分类属性取值的深度数值表征还原出分类属性数据的深度数值表征,为后续聚类过程奠定基础。

下面分别介绍网络中分类属性取值节点的对齐编码,以及如何依据对齐编码完成属性取值到数据对象的对齐过程。

1. 分类属性取值节点的对齐编码

分类属性取值节点的对齐编码保留了该属性取值及其全部相关数据对象的对应关系。图 5-3 给出了网络中分类属性取值节点的对齐编码示意图,每个节点通过红色双实线连接的红色边框中数字为该节点属性取值对应的对齐编码,该编码为一个集合,保存了出现该属性取值的数据对象顺序编号,可以反映分类属性取值和原始数据对象之间的对应关系。

以表 4-1 中分类属性数据示例为例,表中"姓名"属性可以作为数据对象唯一编码,在构建网络后,若仍保留姓名作为对齐编码,会增加存储所需的空间消耗。因此,按照每条数据对象在原始数据集中出现的先后顺序,对数据对象进行顺序编码,编码方式如下:

$$S(x_i) = i \tag{5-1}$$

式中, x_i 为分类属性数据集 X 中第 i 个数据对象,其顺序编码为 i。以表 4-1 数据集示例为例,每条数据对应一个人,则表中六个人对应数据的顺序编码依次为:
$S(\text{John}) = 1$, $S(\text{Tony}) = 2$, $S(\text{Alisa}) = 3$, $S(\text{Ben}) = 4$, $S(\text{Abby}) = 5$, $S(\text{James}) = 6$ 。

对于属性取值 c_j^l ,其对齐编码为所有在属性 c_j 上取值等于 c_j^l 的数据对象的顺序编码集合:

$$A\left(c_j^l\right) = \left\{ S(x_i) \middle| x_i^j = c_j^l \right\} \tag{5-2}$$

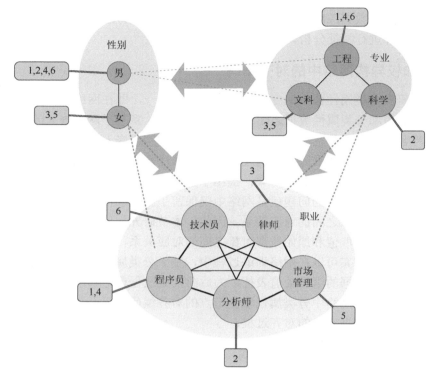

图 5-3　分类属性数据加权异构网络中分类属性取值节点的对齐编码（彩图扫封底二维码）

以图 5-3 中属性取值"男"对应的节点为例，示例数据集中 John、Tony、Ben 和 James 为男性，其顺序编码依次为 1, 2, 4, 6，因此属性取值"男"节点的对齐编码为 $\{1, 2, 4, 6\}$。

需要注意的是，对齐编码作为节点的静态属性，仅在分类属性取值和数据对象的对齐这一步骤发挥作用，不参与网络嵌入过程中节点的潜在特征学习和后续聚类划分过程。

2. 分类属性取值到数据对象的对齐过程

基于网络中各个节点的对齐编码，可以利用对齐编码进行分类属性取值到数据对象的对齐处理，将学习到的分类属性取值深度数值表征以数据对象为单位对齐连接起来，获得分类属性数据的深度数值表征，为后续聚类阶段的训练打好基础。

图 5-4 给出了分类属性取值到数据对象对齐过程的示意图，左半部分为对齐前分类属性取值节点的对齐编码和学习到的深度数值表征，右半部分为对齐后依据属性取值和数据对象之间的对应关系，将分类属性取值深度数值表征拼接

为数据对象的表征。由此可知，通过对齐编码可以从分类属性取值还原到原始数据对象。

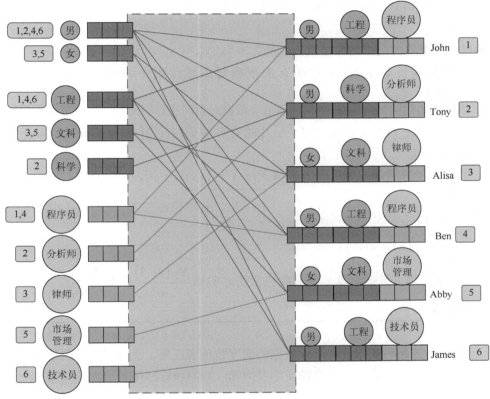

图 5-4 分类属性数据深度聚类中属性取值到数据对象的对齐过程

对齐过程的基本操作为：首先，初始化数据集 X 中 n 个数据对象的深度数值表征，每个表征的维度为属性取值数值表征维度与描述数据对象属性个数的乘积；其次，依据属性取值节点的对齐编码，顺序地将节点表征填入对齐编码对应的数据对象表征相应位置；最后，可以得到所有数据对象的深度数值表征。具体步骤如算法 5-1 所示。

算法 5-1：分类属性取值到数据对象的对齐过程

输入：分类属性数据集 $X = \{x_1, x_2, \cdots, x_i, \cdots, x_n\}$ $(1 \leqslant i \leqslant n)$，其中每个数据对象 $x_i = \left[x_i^1, x_i^2, \cdots, x_i^j, \cdots, x_i^m \right]$ 由 m 个分类属性 $C = \{c_1, c_2, \cdots, c_j, \cdots, c_m\}$ $(1 \leqslant j \leqslant m)$ 描

述，属性 $c_j = \left\{ c_j^1, c_j^2, \cdots, c_j^l, \cdots, c_j^{|c_j|} \right\}$ 包含 $|c_j|$ 个取值；

分类属性取值的深度数值表征 $F = \left\{ f_1^1, \cdots, f_1^{|c_1|}, \cdots, f_j^1, \cdots, f_j^l, \cdots, f_j^{|c_j|}, \cdots, f_m^{|c_m|} \right\}$，维度为 h/m。

输出：分类属性数据的深度数值表征 $X' = \left\{ x_1', x_2', \cdots, x_i', \cdots, x_n' \right\}$ $(1 \leqslant i \leqslant n)$。

1. 对分类属性数据集 X 中所有的数据对象进行顺序编码 $S(x_i)$ $(1 \leqslant i \leqslant n)$ ［式（5-1）］；

2. 依据原始数据集 X 中分类属性取值与数据对象间的对应关系，计算得到所有分类属性取值 c_j^l $\left(1 \leqslant j \leqslant m, 1 \leqslant l \leqslant |c_j| \right)$ 的对齐编码 $A\left(c_j^l \right)$ $\left(1 \leqslant j \leqslant m, 1 \leqslant l \leqslant |c_j| \right)$ ［式（5-2）］；

3. 初始化分类属性数据的深度数值表征 $X' = \left\{ x_1', x_2', \cdots, x_i', \cdots, x_n' \right\}$ $(1 \leqslant i \leqslant n)$，维度为 h；

4. For $c_j^l \in \left\{ c_1^1, \cdots, c_1^{|c_1|}, \cdots, c_j^1, \cdots, c_j^l, \cdots, c_j^{|c_j|}, \cdots, c_m^{|c_m|} \right\}$；

5. 　　For $S(x_i) \in A\left(c_j^l \right)$；

6. 　　　将 f_j^l 填入数据对象 x_i 深度数值表征 x_i' 的第 $\dfrac{h \times (j-1)}{m}$ 到第 $\dfrac{h \times j}{m}$ 维；

7. 输出 X'。

利用对齐编码获得分类属性数据的深度数值表征后，就可以进入后续的聚类过程，计算聚类损失，并结合特征学习损失，共同训练网络。

5.3.2　聚类损失及类中心初始化

本小节介绍所提深度聚类方法 NECAID 训练过程中完成聚类任务需要依赖的聚类损失函数，以及进行初始聚类时必需的类中心初始化方法。

1. 聚类损失

聚类是本章研究的中心任务，聚类损失是向网络训练过程中引入聚类因素的关键，能够引导网络学习出具有聚类任务导向的深度数值表征，同时输出分类属性数据的类别划分结果。

本章所提的分类属性数据深度聚类方法 NECAID 采用经典深度聚类 DEC 方法中定义的聚类损失函数，通过构造辅助类别分布，利用 KL 散度（Kullback-Leibler divergence）[182] 度量聚类获得的类别分布和辅助分布之间的差异来计算聚类损失。

首先基于分类属性数据深度数值表征 $X' = \left\{ x_1', x_2', \cdots, x_i', \cdots, x_n' \right\}$ $(1 \leqslant i \leqslant n)$，计算数据对象相对于各个类中心的隶属概率分布，也称软分配（soft assignment）。假设已知要将数据集 X 划分到 T 个类中，并且类中心在特征学习空间的表征为 $R = \left\{ r_1, r_2, \cdots, r_t, \cdots, r_T \right\}$ $(1 \leqslant t \leqslant T)$，则数据对象 x_i 属于类中心 r_t 所代表类别的概率为

$$q_{it} = \frac{\left(1 + \left\| x_i' - r_t \right\|^2 / \alpha \right)^{-\frac{\alpha+1}{2}}}{\sum\limits_{t' \neq t, 1 \leqslant t' \leqslant T} \left(1 + \left\| x_i' - u_{t'} \right\|^2 / \alpha \right)^{-\frac{\alpha+1}{2}}} \tag{5-3}$$

式中，x_i' 和 r_t 属于同一特征空间，这里采用 t 分布（t-distribution）计算数据对象 x_i 和类中心 r_t 在特征空间中的接近程度，可以理解为 x_i 到类 r_t 的隶属概率；α 为 t 分布中的自由度参数，一般设置为 1。

由式（5-3）可以计算出每个数据对象到各个类中心的隶属概率，从而获得软分配后所有数据对象的类别分布 Q。基于 Q 计算辅助分布 P，计算方式如下：

$$p_{it} = \frac{q_{it}^2 / o_t}{\sum\limits_{t' \neq t, 1 \leqslant t' \leqslant T} q_{it'}^2 / o_{t'}} \tag{5-4}$$

式中，$o_t = \sum\limits_{1 \leqslant i \leqslant n} q_{it}$ 为软分配后所有数据对象隶属于类 r_t 的概率之和。辅助分布 P 用于引导网络训练过程中节点的数值表征向具有聚类导向的方向学习，因此获得优秀的辅助分布 P 对于计算网络的聚类损失是至关重要的。通过式（5-4）计算得到的辅助分布 P 具有如下三个特点。

（1）提升数据对象划分后所属类别的纯度。若数据对象属于某一类的概率较小，平方操作会进一步缩小该概率；相反地，若数据对象属于某一类的概率较大，接近于 1，则平方操作对其影响较小，概率值几乎不变。经过平方处理可以增大数据对象属于某一类的概率，减小属于其他类的概率，达到提升类别隶属纯度的目的。

（2）若数据对象属于某一类的置信度越高，属于该类的概率越大。聚类后类别分布 Q 中某一数据对象相对于某类概率越大，意味着在此类上数据分配的置信度越高，则辅助分布 P 中数据对象属于该类的概率就应越大。这一点的基本思想与（1）一致。

（3）规范化每个类对于损失函数的贡献，防止大类扭曲学习到的特征空间。通过 o_t 对每个类对应的概率分布进行规范化，防止过大的概率取值影响网络学习。

已有相关研究[133, 180, 183]证实，具有这三个特点的辅助分布 P 构造方法具有较好的聚类引导作用，因此本章采用式（5-4）所示方法构造聚类辅助分布 P。

获得聚类分布 Q 和辅助分布 P 后，采用 KL 散度计算两种分布之间的差异，此差异作为网络训练的聚类损失，计算方式如下：

$$L_c = \mathrm{KL}\left(P \| Q\right) = \sum_{1 \leqslant i \leqslant n} \sum_{1 \leqslant t \leqslant T} p_{it} \ln \frac{p_{it}}{q_{it}} \qquad (5\text{-}5)$$

KL 散度又称为相对熵，是一种不对称地度量两个概率分布之间差异的方式，反映以一个分布近似另一个分布时损失的信息量。在深度聚类中，利用 KL 散度作为聚类损失，可以理解为以辅助分布 P 为目标，聚类分布 Q 在训练过程中需要不断地逼近辅助分布 P。

值得注意的是，计算聚类分布 Q 时需要已知类中心 R，R 在深度聚类方法中作为参数，在网络训练过程中依据损失函数值减小方向不断迭代更新。因此，同深度学习模型常见参数一样，如权重（weight）和偏差（bias）等，训练之前需要对类中心 R 进行初始化。

下面将介绍本章分类属性数据深度聚类研究中的类中心初始化方法。

2. 类中心初始化

本章分类属性数据深度聚类方法中的类中心初始化不同于传统 k-means 聚类及其相关改进聚类算法的初始化过程，本章类中心初始化的本质同一般深度神经网络训练过程中的参数初始化含义一致，是为了保证训练的顺利进行，在网络训练过程中，类中心也需要朝着损失函数值下降方向不断迭代更新。而传统 k-means 聚类算法中的类中心初始化，是为了确定类中心所代表的类，将非类中心数据对象划分至最近类中，并且传统聚类算法中类中心的更新是依据每次类别划分后各类中数据对象在所有维度上的均值计算得到。

NECAID 中类中心初始化过程分为两步，如图 5-5 所示。

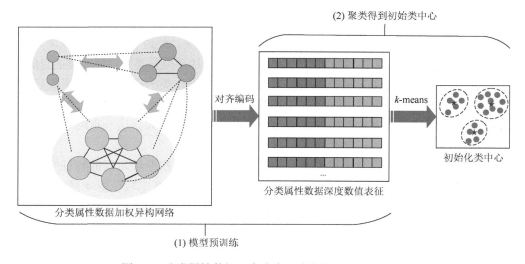

图 5-5 分类属性数据深度聚类方法中的类中心初始化

（1）模型预训练。基于构建好的分类属性数据加权异构网络，采用第 4 章提出的深度特征学习方法 NECAR，预训练得到分类属性取值的深度数值表征，并通过对齐编码，还原出原始数据对象对应的深度数值表征。

（2）聚类得到初始类中心。在预训练学习得到分类属性数据深度数值表征的基础上，采用 k-means 聚类算法对其进行类别划分，再计算每个类的类中心，该类中心就是本章深度聚类方法的初始化类中心。类中心计算方式如下：

$$r_t = \frac{\sum_{x_i \in R_t} x_i}{|R_t|} \tag{5-6}$$

式中，r_t 为类 R_t 的类中心；$|R_t|$ 为类 R_t 中包含的数据对象个数。

特别地，本章研究深度聚类中的类中心初始化需要注意如下两点。

（1）类中心是分类属性数据深度聚类方法中的参数，要随着网络训练过程向损失函数值下降的方向迭代更新，而不是依据类别划分结果中各类属性取值的均值计算得到。

（2）k-means 只在类中心初始化阶段使用一次，网络训练中不再需要进行 k-means 聚类，训练结束后依据聚类分布 Q 可以直接输出聚类结果。

基于聚类损失和特征学习损失的分类属性数据加权异构网络训练完成后，由软分配得到的聚类分布 Q 可以获得数据对象隶属类别标签 Q^h，计算方式如下：

$$q_i^h = \arg \max_{1 \leqslant t \leqslant T} q_{it} \tag{5-7}$$

式中，q_{it} 为数据对象 x_i 属于类别 R_t 的概率。式（5-7）的含义为数据对象 x_i 的隶属类别为软分配中隶属概率最大的类。

以上介绍了本章进行分类属性数据深度聚类研究中两个关键难点的解决方法：对齐编码和将聚类损失融入构建好的加权异构网络中以导入聚类目标。5.3.3 小节将基于上述聚类损失和第 4 章的特征学习损失提出本章深度聚类方法的总体损失函数，并给出深度聚类的具体步骤。

5.3.3　深度聚类过程

本章所提深度聚类 NECAID 方法以第 4 章提出的分类属性数据深度特征学习方法 NECAR 为基础，提出对齐编码解决分类属性取值到原始数据对象的还原问题，利用经典深度聚类损失向网络训练过程中引入聚类目标。本小节将基于聚类损失和特征学习损失构建深度聚类的总体损失函数，并给出详细深度聚类过程。

1. 深度聚类总体损失函数

传统深度聚类方法首先基于编码器模型通过重构损失预训练得到数据对象的深度表征，在此基础上初始化得到类中心（初始化方法同 5.3.2 小节第二部分一致），再利用聚类损失重新对编码器部分进行训练，最终得到具有聚类导向的数据对象深度表征和类别划分结果。这种将特征学习阶段的重构损失（简称为特征学习损失）和聚类阶段的聚类损失分离（如图 5-6 上半部分所示）、依次进行训练的方法容易导致聚类目标扭曲特征学习空间，使得最终学到的深度表征失去了原始数据集中的潜在信息，反而影响聚类结果的准确性。这一点已在 DEC 相关改进工作[159]中得到验证。

为弥补传统特征学习损失和聚类损失分离训练导致的深度表征丢失原始数据信息的不足，本小节采用融合训练的方法（如图 5-6 下半部分所示）将特征学习损失和聚类损失组合起来，构成统一的损失函数：

$$L = L_f + \lambda L_c \tag{5-8}$$

式中，L_f 为特征学习损失，其计算方式与式（4-22）相同；L_c 为聚类损失，采用式（5-5）计算得到；λ 为聚类损失权重，取值范围为 $0 \sim 1$，用于控制聚类损失对总体损失的贡献。

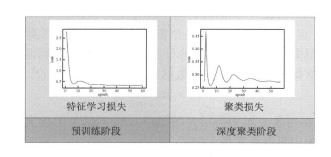

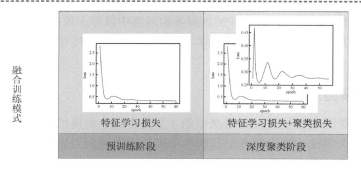

图 5-6　深度聚类中特征学习损失与聚类损失的两种训练模式

2. 深度聚类过程

NECAID 方法进行深度聚类的基本思路为：首先，基于构建好的分类属性数据加权异构网络，采用第 4 章深度特征学习 NECAR 方法对网络进行预训练，获得分类属性取值的深度数值表征；其次，利用本章提出的对齐编码，还原分类属性取值和数据对象之间的对应关系，得到分类属性数据的深度数值表征；再次，在分类属性数据数值表征基础上利用 k-means 聚类算法获得初始类中心；然后，计算每个数据对象到初始类中心的隶属概率分布，即聚类分布 Q，基于此构建出辅助分布 P；最后，依据总体损失函数公 [式（5-8）] 计算损失值，并反向传播更新模型参数和类中心，迭代训练直到损失值收敛。网络训练结束后即可获得具有聚类导向的分类属性数据深度数值表征和数据对象的类别划分结果。具体聚类过程如算法 5-2 所示。

算法 5-2：基于网络嵌入的分类属性数据深度聚类 NECAID

输入：分类属性数据集 $X = \{x_1, x_2, \cdots, x_i, \cdots, x_n\}\,(1 \leqslant i \leqslant n)$，其中每个数据对象由 m 个分类属性 $C = \{c_1, c_2, \cdots, c_j, \cdots, c_m\}\,(1 \leqslant j \leqslant m)$ 描述；

多头注意力机制中的头数 K；

特征学习损失函数中权重参数 φ_1，φ_2；

聚类损失权重参数 λ；

聚类个数 T。

输出：分类属性数据具有聚类导向的深度数值表征 $X' = \{x_1', x_2', \cdots, x_i', \cdots, x_n'\}$

$(1 \leqslant i \leqslant n)$；

分类属性数据的隶属类别标签 $Q^h = \{q_1^h, q_2^h, \cdots, q_i^h, \cdots, q_n^h\}$。

1. 基于分类属性数据集 X 构建加权异构网络 $G = (V, E), E = \{E_{\text{inter}}, E_{\text{intra}}\}$；

2. 初始化所有节点数值表征 $c_j^l\left(1 \leqslant j \leqslant m, 1 \leqslant l \leqslant |c_j|\right)$；

3. 对所有节点进行对齐编码；

4. 基于特征学习损失对网络进行预训练（算法 4-1 第 3 行至第 14 行），获得分类属性取值的深度数值表征；

5. 利用节点对齐编码，还原出分类属性数据的深度数值表征；

6. 基于分类属性数据的深度数值表征，采用 k-means 聚类算法聚类，得到初始化类中心；

7. 计算数据对象到类中心的隶属概率分布 Q；

8. 计算辅助分布 P；

9. 计算深度聚类总体损失函数值，并反向传播更新网络参数和类中心；

8. 训练结束，基于最终的聚类分布 Q 计算出所有数据对象的隶属类别标签 Q^h；

9. 输出分类属性数据的深度数值表征 X' 和类别标签 Q^h。

由算法 5-2 可知，本章提出的分类属性数据深度聚类方法 NECAID 是在第 4

章分类属性数据深度特征学习方法 NECAR 基础上的进一步研究，两种方法之间存在联系和扩展的关系。

NECAR 和 NECAID 主要联系在于以下几个方面。

（1）第 4 章所提深度特征学习 NECAR 方法用于本章深度聚类 NECAID 方法的预训练阶段，获得分类属性取值的深度数值表征，从而为后续分类属性取值到数据对象的对齐处理和类中心初始化奠定基础。

（2）第 4 章 NECAR 方法的损失函数作为本章 NECAID 方法的特征学习损失函数，构成总体损失的一部分，用于在训练过程中保证特征学习空间蕴含着原始数据集的真实潜在特征，避免由聚类损失主导训练过程导致特征空间产生扭曲，从而影响聚类结果的准确性。

NECAR 和 NECAID 主要扩展在于以下几个方面。

（1）第 4 章中的 NECAR 方法只能在训练结束后，通过对照原始数据集中属性取值和数据对象之间的对应关系，非自动地还原出数据对象的深度数值表征，这种对应关系的查找和处理无法在网络训练中完成。而本章 NECAID 方法通过提出对齐编码，将分类属性取值和数据对象之间的对应关系保留在构建好的网络中，能够在训练过程中直接得到数据对象的深度数值表征。

（2）将聚类损失与特征学习损失结合，可以同时完成深度特征学习和聚类划分，不仅能够保证特征学习空间不被聚类损失扭曲，还能学习到具有聚类导向性的分类属性数据深度数值表征。

5.3.4　深度聚类的优势分析

由算法 5-2 中深度聚类方法 NECAID 的具体步骤可知，NECAID 方法相较已有相关聚类方法具有明显优势。

传统分类属性数据聚类方法存在的不足主要体现在以下几个方面。

（1）仅基于属性取值一致性进行聚类，无法深入挖掘分类属性数据集中不同属性间和同一属性内的取值关系。

（2）受到分类属性取值具有不可微且不可进行代数运算特征的限制，无法直接应用于当前先进的深度聚类方法中。

（3）已有深度聚类方法在处理分类属性数据时仅通过嵌入层将分类属性数据的独热编码直接映射成数值表征，参与后续训练过程，未考虑分类属性数据集中隐含的潜在信息。

相比于上述不足，本章提出的分类属性数据深度聚类方法 NECAID 具有如下优势。

（1）弥补了传统方式仅将分类属性数据转换成独热编码直接应用于深度聚类方法时，无法深入挖掘不同属性取值间关系的不足。本章在第 4 章分类属性数据深度特征学习方法 NECAR 基础上，研究分类属性数据的深度聚类，聚类过程中能够考虑不同属性取值的分类属性间和属性内关系。

（2）借鉴并融合网络嵌入和深度聚类基本思想，弥补了已有研究中分类属性数据聚类分析过程无法应用先进的深度学习方法的不足。本章研究利用网络嵌入方法既保留了原始分类属性数据集中尽可能多的潜在信息，又充分利用深度学习方法在特征学习上的优势，通过引入聚类损失，构建了能够同时完成分类属性数据特征学习和类别划分的深度聚类方法。

（3）能够同时输出具有聚类导向的分类属性数据深度数值表征和聚类划分结果。采用融合训练方式同时训练深度聚类中的特征学习损失和聚类损失，既保证了特征学习空间蕴含着原始数据的潜在特征，又避免了聚类损失扭曲学习到的特征空间，能够获得更加准确的分类属性数据聚类结果。

5.4　实 验 分 析

本节基于公开的分类属性数据集从以下四个方面开展实验分析。

（1）本章所提 NECAID 深度聚类方法中引入的聚类损失对聚类效果的提升程度验证。

（2）与已有分类属性数据聚类方法相比，NECAID 深度聚类方法的聚类结果准确性验证。

（3）NECAID 模型聚类过程中会产生除聚类结果以外的副产物——分类属性数据深度特征表示，通过与第 4 章以分类属性数据深度特征学习为目标的 NECAR 模型学习到的特征表示进行比较，验证本章深度聚类 NECAID 模型在分类属性数据特征学习方面的能力。

（4）NECAID 深度聚类方法中参数对聚类结果的影响。

下述将首先介绍实验数据集和实验设计，再分别进行上述四个方面实验验证分析。

5.4.1　实验数据集及设计

1. 数据集

本节实验选用美国加利福尼亚大学欧文分校建立的 UCI Machine Learning Repository 中公开的 10 个分类属性数据集进行实验。表 5-1 描述了 NECAID 深度聚类方法验证实验中用到的分类属性数据集的基本特征，包括数据对象个数、分类属性个数和类别个数。由表 5-1 可知，不同数据集的数据特征具有显著差异，因此基于这些数据集的实验验证结果具有较强的说服力。另外，对于数据集中存在的缺失数据，采用同一属性下取值的众数进行填补。

表 5-1　NECAID 实验数据集

数据集名称	简称	数据对象个数	分类属性个数	类别个数
Breast Cancer	BC	286	9	2
Car Evaluation	CE	1728	6	4
Dermatology	DE	366	35	6
Lymphography	LY	148	18	4
Mammographic	MA	961	5	2
Mushroom	MU	5644	22	2
Soybean_small	SB	47	35	4
Spect Heart Train	SH	80	22	2
Wisconsin	WI	699	9	2
Zoo	ZO	101	16	7

2. 实验设计

NECAID 深度聚类方法验证实验分为以下四个部分。

（1）聚类损失对聚类结果有效性的提升程度验证。本章所提深度聚类方法 NECAID 是基于第 4 章深度特征学习方法 NECAR 构建的，最主要的区别在于向分类属性数据加权异构网络中引入了聚类损失，使得网络训练过程能够朝着聚类目标进行优化。通过与基于第 4 章 NECAR 方法学习到的深度数值表征的聚类结果对比，验证本章向网络中引入的聚类损失对聚类效果的提升程度。

（2）对分类属性数据深度聚类结果的有效性验证。采用表 5-1 中公开的分类属性数据集，通过聚类外部有效性评价指标验证聚类划分结果与数据集实际类别划分情况的一致性，与已有研究中提出的具有代表性的分类属性数据聚类方法进行对比，验证本章所提深度聚类方法 NECAID 对分类属性数据的聚类能力。

（3）分类属性数据特征学习结果分析。通过比较 NECAID 模型聚类过程中会产生除聚类结果以外的副产物——分类属性数据深度特征表示与第 4 章以分类属性数据深度特征学习为目标的 NECAR 模型学习到的特征表示，验证本章深度聚类 NECAID 模型在分类属性数据特征学习方面的能力。

（4）参数敏感性分析。本章所提 NECAID 深度聚类方法的参数包括：多头注意力机制中的头数 K、特征学习损失函数中权重参数 φ_1 和 φ_2、聚类损失权重参数 λ 以及聚类个数 T。实验中 K 一般设置为 8，T 依据公开数据集实际类个数进行确定，φ_1 和 φ_2 的敏感性分析已在 4.5.4 小节中讨论，本节重点分析聚类损失权重参数 λ 对深度聚类结果的影响。

这四方面实验中涉及的具体对比方法和评价指标将在 5.4.2 小节、5.4.3 小节、5.4.4 小节和 5.4.5 小节中详细介绍。

5.4.2　引入聚类损失对聚类效果的提升分析

本小节验证向分类属性数据加权异构网络中引入的聚类损失对聚类效果产生的影响。第 4 章所提 NECAR 方法的目标在于学习分类属性数据的深度数值表征，经过实验证明，学到的表征能够提升后续聚类分析的效果。本章基于第 4 章研究成果，通过向网络中引入聚类损失提出了以聚类分析为目标的 NECAID 深度聚类方法。下面将与第 4 章中基于 NECAR 方法特征学习结果的聚类效果进行对比，验证引入聚类损失后聚类效果的提升程度，从而证明本章借鉴深度聚类思想并结合网络嵌入来构建分类属性数据深度聚类方法的思路是有效的。

基于第 4 章所提 NECAR 方法获得的分类属性数据深度数值表征，采用 5 种具有代表性的数值属性数据聚类方法对学到的数值表征进行聚类划分，以充分验证本章引入聚类损失对分类属性数据聚类效果的提升程度。实验中用于对分类属性数据深度数值表征进行聚类的代表性方法包括：被广泛使用的 k-means 聚类方法及其改进方法基于近邻的不均衡数据聚类算法（clustering algorithm for imbalanced data based on nearest neighbor，CABON）[12]、常用的谱聚类方法[184]、经典的深度聚类 DEC 方法及其改进方法 IDEC（improved deep embedding clustering）[183]。通过将本章所提 NECAID 方法的聚类结果与这 5 种方法在分类属性数据深度数值表征上的聚类效果进行对比，可以验证引入的聚类损失对分类属性数据聚类效果的提升程度。后续将分别介绍对比实验中的参数设置、评价指标和对比结果。

1. 参数设置

本章 NECAID 方法和第 4 章 NECAR 方法的参数设置如表 5-2 所示，本实验中 NECAID 与 NECAR 中的多头注意力机制参数均设置为 8，聚类个数取每个公开数据集的实际类个数。对于 NECAR 方法的参数 φ_1 和 φ_2，先固定 $\varphi_1 = 0.3$，φ_2 取值范围为 $\{0.1, 0.2, \cdots, 0.7\}$；再固定最优 φ_2，φ_1 取值范围为 $\{0.1, 0.2, \cdots, 0.7\}$ 进行实验。NECAID 方法中参数 φ_1 和 φ_2 同 NECAR 在每个数据集上的最优参数一致，聚类损失权重参数 λ 取值范围为 $\{0.1, 0.2, \cdots, 0.9\}$。

表 5-2　NECAID 与 NECAR 的参数设置

参数项	NECAID	NECAR
多头注意力 K	8	8
特征学习损失权重参数 φ_1	固定最优 φ_2，$\varphi_1 = \{0.1, 0.2, 0.3, 0.4, 0.5, 0.6, 0.7\}$	固定最优 φ_2，$\varphi_1 = \{0.1, 0.2, 0.3, 0.4, 0.5, 0.6, 0.7\}$

参数项	NECAID	NECAR
特征学习损失权重参数 φ_2	固定 $\varphi_1=0.3$， $\varphi_2=\{0.1,0.2,0.3,0.4,0.5,0.6,0.7\}$	固定 $\varphi_1=0.3$， $\varphi_2=\{0.1,0.2,0.3,0.4,0.5,0.6,0.7\}$
聚类损失权重参数 λ	固定最优 φ_1、φ_2， $\lambda=\{0.1,0.2,0.3,0.4,0.5,0.6,0.7,0.8,0.9\}$	—
聚类个数 T	实际类个数	实际类个数

NECAID 和 NECAR 方法在每个数据集上基于不同参数组合进行实验，NECAID 深度聚类方法在最优参数组合上重复进行 10 次聚类,选择最优聚类结果进行比较。NECAR 深度特征学习方法基于最优参数组合获得分类属性数据的深度数值表征后，利用 5 种数值属性数据聚类方法对其进行聚类划分，需要设置参数：5 种方法均需确定聚类个数，本实验中取公开数据集的实际类别数，此外，CABON 方法依据原始文献[12]中的实验设置，将类别待定集构造阈值设为 1，DEC 和 IDEC 方法中需要构建自动编码器，其结构设计为"input-500-500-2000-10-2000-500-500-output"，其中，input 和 output 维度相同，等于利用第 4 章 NECAR 方法学习到的分类属性数据深度数值表征的维度。不同聚类方法分别在最优参数组合上重复进行 10 次聚类，比较最优结果。

2. 评价指标

采用聚类外部有效性评价指标评价聚类效果，通过衡量聚类划分得到的类标签与公开数据集实际类标签的一致性,验证聚类结果的准确性。本节实验采用 NMI（normalized mutual information）[185]、ARI（adjusted Rand index）[186]和 F1-score 进行评价。其中，F1-score 指标取值可由式（4-30）计算得到，NMI 和 ARI 指标的计算方式如式（5-9）和式（5-10）所示：

$$\text{NMI} = \frac{\sum_{1 \leqslant i \leqslant k_c} \sum_{1 \leqslant j \leqslant k_t} n_{ij} \log_2 \frac{n_{ij}}{n_i n_j}}{\sqrt{\sum_{1 \leqslant i \leqslant k_c} n_i \log_2 \frac{n_i}{n}} \sqrt{\sum_{1 \leqslant j \leqslant k_t} n_j \log_2 \frac{n_j}{n}}} \tag{5-9}$$

$$\text{ARI} = \frac{\text{RI} - E(\text{RI})}{\max(\text{RI}) - E(\text{RI})} \tag{5-10}$$

式中，k_t 表示真实类个数；k_c 表示聚类后得到的类个数；n_{ij} 表示原本属于第 j

个类的数据对象被聚类划分至第 i 个类中的数据对象个数。ARI 是兰德指数（Rand index，RI）[187]的改进，取值为 0 时表示聚类结果完全随机生成，取值为 1 时表示每个数据对象都被正确地划分。三个评价指标取值越大，表示聚类效果越好。

3. 对比结果

本小节验证本章 NECAID 深度聚类方法引入的聚类损失对聚类效果的提升程度，基于上述 3 种评价指标的实验结果分别展示在表 5-3、表 5-4 和表 5-5 中。表中每个数据集对应最优聚类结果的评价指标值加粗表示，次优聚类结果对应指标值用斜体表示。

表 5-3　引入聚类损失对聚类效果提升程度的 NMI 指标验证结果

数据集	NECAR（k-means）	NECAR（spectral）	NECAR（CABON）	NECAR（DEC）	NECAR（IDEC）	NECAID
BC	**0.1058**	0.0223	0.0956	0.0796	0.0830	*0.1029*
CE	0.0330	0.0297	0.0142	*0.0543*	0.0487	**0.1149**
DE	*0.6438*	0.1907	0.6094	0.6091	0.5698	**0.7943**
LY	*0.1894*	0.1529	0.1132	0.1620	0.1530	**0.2804**
MA	0.0370	0.0070	0.0348	**0.2427**	**0.2427**	*0.0630*
MU	0.1864	0.0273	0.1864	*0.2808*	*0.2808*	**0.2931**
SB	**1**	0.8379	**1**	0.8553	*0.9098*	**1**
SH	0.1265	0.0882	*0.1273*	0.1265	0.1265	**0.1556**
WI	0.6617	0.2072	**0.6913**	0.4567	0.3711	*0.6794*
ZO	0.7486	*0.8216*	0.7137	0.7185	0.6675	**0.8929**

表 5-4　引入聚类损失对聚类效果提升程度的 ARI 指标验证结果

数据集	NECAR（k-means）	NECAR（spectral）	NECAR（CABON）	NECAR（DEC）	NECAR（IDEC）	NECAID
BC	0.1575	0.0308	0.0550	0.1659	*0.1717*	**0.2043**
CE	*0.0522*	**0.0895**	0.0077	0.0506	0.0290	0.0514
DE	*0.5379*	0.0938	*0.5379*	0.4980	0.4399	**0.7434**
LY	*0.1359*	0.1026	0.1157	0.1118	0.1250	**0.2431**
MA	*0.0518*	0.0108	0.0484	**0.3185**	**0.3185**	0.0260

数据集	NECAR (k-means)	NECAR (spectral)	NECAR (CABON)	NECAR (DEC)	NECAR (IDEC)	NECAID
MU	0.2600	0.0044	0.2600	*0.3368*	*0.3368*	**0.3787**
SB	**1**	0.8045	**1**	0.8146	*0.8754*	**1**
SH	*0.0973*	0.0548	*0.0973*	*0.0973*	*0.0973*	**0.2168**
WI	0.7756	0.0221	**0.8021**	0.4689	0.2950	*0.7920*
ZO	0.6472	*0.8324*	0.5034	0.7090	0.5272	**0.9086**

表 5-5　引入聚类损失对聚类效果提升程度的 F1-score 指标验证结果

数据集	NECAR (k-means)	NECAR (spectral)	NECAR (CABON)	NECAR (DEC)	NECAR (IDEC)	NECAID
BC	0.7029	0.7184	**0.7473**	0.7220	*0.7256*	**0.7473**
CE	0.3613	0.3015	**0.7002**	*0.4606*	0.3559	0.4028
DE	0.6418	0.6967	*0.7213*	0.6148	0.5355	**0.8033**
LY	0.5122	0.5541	**0.7162**	*0.5878*	0.4730	0.5270
MA	*0.6155*	0.5838	0.6119	**0.7825**	**0.7825**	0.5869
MU	0.7555	0.5985	0.7555	*0.7902*	*0.7902*	**0.8079**
SB	**1**	0.9149	**1**	0.9362	*0.9574*	**1**
SH	**0.6625**	**0.6625**	**0.6625**	**0.6625**	**0.6625**	*0.6500*
WI	0.9412	0.6667	**0.9485**	0.8426	0.7725	*0.9456*
ZO	0.7257	0.8614	0.8119	0.7030	0.6139	**0.8910**

1）NMI 指标验证结果分析

表 5-3 展示了 NMI 指标对本章引入聚类损失后的聚类效果提升程度的验证结果。可以明显看出，本章所提深度聚类方法 NECAID 在最多数据集上的聚类效果都是最优的，包括 CE、DE、LY、MU、SB、SH 和 ZO 数据集，其中 NECAID 方法同 NECAR（k-means）、NECAR（CABON）两种对比方法在 SB 数据集上都实现了最优聚类划分。NECAR（CABON）方法在 SB 和 WI 数据集上的聚类表现最佳，NECAR（DEC）和 NECAR（IDEC）两种方法在 MA 数据集上获得了最好的聚类效果。此外，本章所提 NECAID 方法在非最优聚类效果数据集上的聚类表现都达到了次优。

因此，基于 NMI 指标的验证结果中，本章所提 NECAID 方法表现出了显著优于对比方法的分类属性数据聚类效果，表明向网络中引入聚类损失能够明显提升分类属性数据聚类结果的有效性。

2）ARI 指标验证结果分析

表 5-4 展示了 ARI 指标对本章引入聚类损失后的聚类效果提升程度的验证结果。显而易见地，NECAID 方法在多数分类属性数据集上获得了最优聚类效果，其在 BC、DE、LY、MU、SH 和 ZO 数据集上的聚类效果均优于对比方法，在 SB 数据集上与 NECAR（k-means）和 NECAR（CABON）两种对比方法的聚类结果都达到最佳。此外，NECAR（CABON）还在 WI 数据集上表现出了最优聚类结果。NECAR（spectral）方法在 CE 数据集上的聚类结果最好，NECAR（DEC）和 NECAR（IDEC）方法仍然在 MA 数据集上获得了最佳聚类表现。

因此，可以知道，基于 ARI 指标的验证结果中，分类属性数据深度聚类方法 NECAID 在大多数分类属性数据集上都表现出了最佳聚类效果，明显优于未引入聚类损失的对比方法，表明向网络中引入聚类损失构建深度聚类方法的研究思路是可行有效的。

3）F1-score 指标验证结果分析

表 5-5 展示了 F1-score 指标对本章引入聚类损失后的聚类效果提升程度的验证结果。由表 5-5 可知，本章引入聚类损失后提出的深度聚类方法 NECAID 在 BC、DE、MU 和 ZO 四个分类属性数据集上的聚类表现最佳，在 SB 数据集上的聚类效果同 NECAR（k-means）和 NECAR（CABON）两种方法聚类结果一致，都实现了最优类别划分。除 SB 数据集以外，NECAR（CABON）方法在的 BC、CE、LY、SH 和 WI 五个数据集上都获得了最优聚类效果，NECAR（k-means）和 NECAR（spectral）方法在 SH 数据集上的聚类效果最好，NECAR（DEC）和 NECAR（IDEC）两种方法都在 MA、SH 数据集上表现出了最佳聚类效果。值得注意的是，除本章所提 NECAID 方法以外的其他五种对比方法在 SH 数据集上的聚类效果也一致优于 NECAID 方法。

总体来看，基于 F1-score 指标的验证结果中，NECAR（CABON）在多数分类属性数据集中获得了最优聚类效果，NECAID 方法在较多数据集上的聚类表现最佳，明显优于其余四种对比方法，表明在 F1-score 的评价标准中，本章引入聚类损失构建的深度聚类方法 NECAID 具有较好聚类能力，向网络中引入聚类损失能够提升分类属性数据的聚类效果。

4）最优及次优聚类表现次数分析

为更直观地比较 NECAID 方法与对比方法在多个分类属性数据集上的聚类效果，图 5-7、图 5-8 和图 5-9 分别绘制了不同方法在 NMI、ARI 和 F1-score 指标评价结果中的聚类表现最优和次优次数。

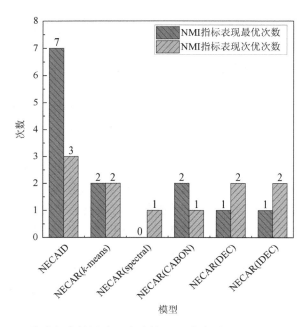

图 5-7　聚类损失效用验证实验的 NMI 指标表现最优及次优次数

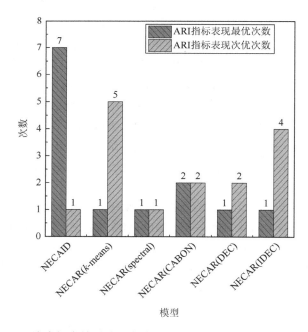

图 5-8　聚类损失效用验证实验的 ARI 指标表现最优及次优次数

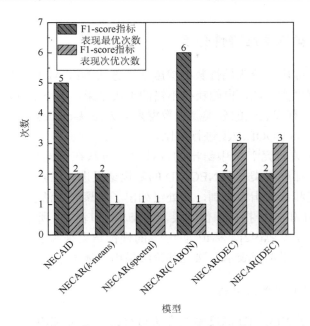

图 5-9　聚类损失效用验证实验的 F1-score 指标表现最优及次优次数

由图 5-7 可知，在 NMI 指标验证结果中，本章所提深度聚类方法 NECAID 在最多的分类属性数据集上获得了最优聚类效果，显著优于全部对比方法，表明在 NMI 指标验证标准中，本章向网络中引入聚类损失能够明显提升分类属性数据的聚类效果。

图 5-8 所示结果与图 5-7 一致，在 ARI 指标验证结果中，本章提出的 NECAID 方法在 7 个分类属性数据集上的聚类效果最优，表现最优的数据集数量远大于实验对比方法，可以知道，在 ARI 指标验证标准中，NECAID 方法引入的聚类损失具有优秀的分类属性数据聚类效果提升能力。

如图 5-9 所示，在 F1-score 指标验证结果中，NECAID 方法虽然仅在 5 个数据集上的聚类表现最佳，但仍多于其余大部分对比方法，且次优聚类表现出现 2 次。表明在 F1-score 指标验证标准中，总体来看，本章 NECAID 方法引入的聚类损失能够提升聚类结果的有效性。

综上所述，利用 NMI、ARI 和 F1-score 三个聚类外部有效性评价指标，比较了本章所提深度聚类方法 NECAID 与基于第 4 章特征学习结果的聚类方法在 10 个分类属性数据集上的聚类效果，实验结果表明 NECAID 在更多数据集上获得了最佳聚类表现，这意味着本章借鉴深度聚类基本思想，向网络训练过程中引入聚类损失构建分类属性数据深度聚类方法的方案是有效的，能够提升分类属性数据聚类结果的准确性。

5.4.3　深度聚类结果准确性分析

为验证本章提出的分类属性数据深度聚类方法 NECAID，相比于已有研究中的分类属性数据聚类方法，也能获得不错的聚类结果，本小节针对 NECAID 方法与 6 种已有的具有代表性的分类属性数据聚类方法 k-modes、k-entropy、k-SV、ROCK、CLOPE 和 COOLCAT 进行对比。

采用已有相关研究[85, 92]中给出的各种对比方法在不同数据集上的最优聚类结果与本章提出深度聚类方法 NECAID 的最优结果进行比较。受到相关文献中采用的实验数据集和评价指标限制，此处仅列出了各聚类方法在 7 个公开分类属性数据集上的 NMI 和 ARI 指标评价结果，如表 5-6 和表 5-7 所示。表中标记为"*"的评价结果来源于文献[92]，标记为"#"的评价结果来源于文献[85]，每个数据集上的最优评价结果加粗表示，次优评价结果用斜体表示。

1. NMI 指标验证结果分析

表 5-6 给出了 NECAID 深度聚类方法与对比方法在 NMI 指标上的聚类效果。从最优聚类效果来看，NECAID 方法在 DE、LY、SB 和 ZO 四个数据集上的聚类表现优于六个对比聚类方法。k-modes、ROCK、CLOPE 和 COOLCAT 方法分别在 ZO、CE、MU 和 WI 数据集上表现出最优聚类效果。从次优聚类效果来看，COOLCAT 方法在 CE、DE 和 ZO 三个数据集上的 NMI 评价结果次优，k-modes 方法在 MU 和 WI 两个数据集上表现次优，k-SV 方法和 CLOPE 方法分别在 LY 和 SB 数据集上表现次优。

总体来看，基于 NMI 指标的聚类评价结果中，分类属性数据深度聚类方法 NECAID 在大多数数据集上获得了最佳聚类效果，表明 NECAID 方法对分类属性数据的聚类能力总体上优于对比聚类方法。

2. ARI 指标评价结果分析

表 5-7 展示了 NECAID 方法与对比方法在 ARI 指标上的聚类评价结果。从最优聚类效果来看，本章所提 NECAID 方法在 DE、LY 和 SB 三个数据集上的聚类效果最佳，k-modes 方法在 MU 和 ZO 两个数据集上表现出了最优聚类效果，COOLCAT 方法在 CE 和 WI 两个数据集上的聚类表现最佳。从次优聚类效果来看，NECAID 方法在 ZO 数据集上的聚类表现次优，仅略差于 k-modes 聚类方法，k-modes 和 COOLCAT 方法分别在 WI 和 DE 数据集上表现出了次优的聚类效果，此外，k-SV 和 CLOPE 方法分别在两个数据集上的聚类结果次优，且这两种方法在所有数据集上均未出现最优聚类结果。k-entropy 和 ROCK 方法在

ARI 指标评价标准中的聚类效果最差，既未出现最优聚类效果，也未出现次优聚类效果。

表 5-6　NECAID 与已有方法聚类结果的 NMI 指标效果对比

数据集	k-modes	k-entropy	k-SV	ROCK	CLOPE	COOLCAT	NECAID
CE	0.0854*	0.0695*	0.1203*	**0.184**#	0.119#	*0.177*#	0.1149
DE	0.5888*	0.6270*	0.6937*	0.474#	0.683#	*0.735*#	**0.7943**
LY	0.2169*	0.2145*	*0.2264**	—	—	—	**0.2804**
MU	*0.458*#	—	—	0.191#	**0.516**#	0.02#	0.2931
SB	0.7839*	0.8070*	0.8171*	0.731#	*0.962*#	0.839#	**1**
WI	*0.712*#	—	—	0.22#	0.325#	**0.828**#	0.6794
ZO	**0.8929**#	—	—	0.698#	0.784#	*0.838*#	**0.8929**

表 5-7　NECAID 与已有方法聚类结果的 ARI 指标效果对比

数据集	k-modes	k-entropy	k-SV	ROCK	CLOPE	COOLCAT	NECAID
CE	0.0428*	0.0076*	*0.0886**	0.001#	0.007#	**0.121**#	0.0514
DE	0.4233*	0.4897*	0.5551*	0.061#	0.579#	*0.653*#	**0.7434**
LY	0.0941*	0.1038*	*0.1046**	—	—	—	**0.2431**
MU	**0.489**#	—	—	0.004#	*0.478*#	−0.025#	0.3787
SB	0.6241*	0.6727*	0.7157*	0.502#	*0.96*#	0.835#	**1**
WI	*0.814*#	—	—	0.015#	0.36#	**0.902**#	0.7920
ZO	**0.946**#	—	—	0.429#	0.684#	0.803#	*0.9086*

因此，基于 ARI 指标的聚类评价结果中，相较于对比聚类方法，本章所提 NECAID 方法在多数数据集上的聚类效果更好，具有更加优秀的分类属性数据聚类能力。

3. 最优及次优聚类表现次数分析

图 5-10 和图 5-11 分别绘制了 NECAID 与 6 种对比聚类方法在 NMI 和 ARI 指标上表现最优和次优的次数。从图中可以看出，虽然 NECAID 方法在两种指标评价结果中出现次优聚类效果的次数较少，但从最优聚类结果来看，NECAID 方法明显优于对比方法。考虑到最优聚类效果比次优聚类效果具有更强的评价能力，

因此认为，相比于已有研究中的分类属性数据聚类方法，本章提出的深度聚类方法 NECAID 能够更准确地对分类属性数据进行聚类划分。

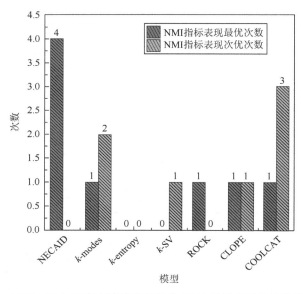

图 5-10　NECAID 与已有方法聚类结果的 NMI 指标表现最优及次优次数

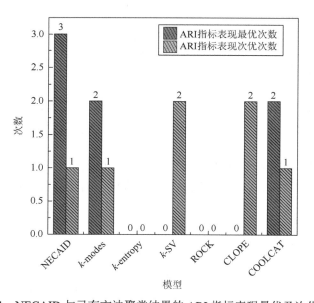

图 5-11　NECAID 与已有方法聚类结果的 ARI 指标表现最优及次优次数

综上所述，利用 NMI 和 ARI 两种聚类外部有效性评价指标，比较本章所提

分类属性数据深度聚类方法 NECAID 与已有的具有代表性的 6 种聚类方法在多个
数据集上的聚类表现，实验结果显示，NECAID 方法表现出了显著优于传统方法
的分类属性数据聚类准确性，表明本章通过利用网络嵌入挖掘分类属性数据集中
的潜在特征，借鉴深度聚类思想向学习过程中引入聚类目标，能够同时实现具有
聚类导向的特征学习和类别划分，有效解决了已有研究中存在的分类属性数据间
关系度量不精准问题，显著提升了分类属性数据的聚类效果。

5.4.4　特征学习结果分析

NECAID 模型聚类过程中会产生除聚类结果以外的副产物——分类属性数据
深度特征表示。本节将通过比较 NECAID 模型副产物与第 4 章以分类属性数据深
度特征学习为目标的 NECAR 模型学习到的特征表示，验证本章深度聚类 NECAID
模型在分类属性数据特征学习方面的能力。

表 5-8 和表 5-9 展示了本章 NECAID 模型、第 4 章 NECAR 模型与已有的分
类属性数据特征学习模型在 CH 指标和 S 指标上的特征学习评价结果，其中
NECAR 模型对应的结果为第 4 章相应表中的最优结果。若 NECAID 的特征学习
能力优于已有的三种模型 FQ、OH 和 CDE，则 NECAID 评价结果左侧括号中填
入 "+"，否则填入 "−"。类似地，若 NECAID 学习到的特征表示优于 NECAR，
则 NECAID 评价结果右侧括号中填入 "+"，否则填入 "−"。

由表 5-8 可知，采用 CH 指标进行特征学习能力评价时，NECAID 模型在 8 个
数据集上的特征学习能力都优于已有三种模型，在两个数据集上学到的特征表示仅
劣于 CDE 模型。表明虽然 NECAID 模型主要用于分类属性数据的聚类任务，但其
副产物——分类属性数据深度特征表示，仍然具有较高的准确性，特征学习能力明
显优于传统分类属性数据特征学习模型。与第 4 章 NECAR 模型相比，本章 NECAID
模型仅针对 MA 这个数据集学到的特征表示在 CH 指标上的表现优于 NECAR，在
其他数据集上的特征学习能力都差于 NECAR。表明基于 CH 指标评价结果，本章提
出的深度聚类 NECAID 模型虽然在分类属性数据深度特征学习能力方面劣于第 4 章
提出的 NECAR 模型，但仍优于已有的以特征学习为目标的对比模型。

表 5-8　NECAID 算法学习到的分类属性数据数值特征表示在 CH 指标上的效果对比

数据集	FQ	OH	CDE	NECAID	NECAR
BC	7.5931	6.946	9.6331	（+）11.8467（−）	42.9477（+）
CE	30.2481	31.9634	18.7391	（+）38.6275（−）	53.2885（+）
DE	30.5009	32.9537	77.2625	（+）83.2537（−）	2307.393（+）
LY	6.3137	5.9806	7.4115	（+）7.8971（−）	28.3008（+）
MA	81.3543	126.9308	246.8091	（−）68.4101（+）	67.1636（−）

续表

数据集	FQ	OH	CDE	NECAID	NECAR
MU	761.0752	884.5096	1268.998	（+）1358.519（−）	1785.832（+）
PT	4.9845	5.0322	5.9395	（−）5.1747（−）	7.3327（+）
SB	14.4782	16.0764	36.4324	（−）36.3505（−）	398.9312（+）
SH	6.9066	6.9769	6.9908	（+）8.1265（−）	31.2103（+）
WI	216.6436	164.0064	459.6857	（+）800.0497（−）	2110.408（+）
ZO	31.0576	31.4521	36.8302	（+）49.1865（−）	160.1263（+）

表 5-9　NECAID 算法学习到的分类属性数据数值特征表示在 S 指标上的效果对比

数据集	FQ	OH	CDE	NECAID	NECAR
BC	0.043	0.0398	0.0563	（+）0.0866（−）	0.1832（+）
CE	−0.0053	−0.0044	−0.0898	（−）−0.0346（−）	−0.0011（+）
DE	0.0791	0.0968	0.1922	（+）0.2052（−）	0.3234（+）
LY	0.0637	0.055	0.0686	（−）0.057（−）	0.0966（+）
MA	0.08	0.1152	0.2071	（−）0.0601（+）	0.0414（−）
MU	0.1369	0.1509	0.2083	（+）0.2186（−）	0.2602（+）
PT	−0.0873	−0.0834	−0.0819	（−）−0.0948（+）	−0.2898（−）
SB	0.2621	0.2876	0.4347	（−）0.425（−）	0.7682（+）
SH	0.0976	0.0975	0.0977	（+）0.119（−）	0.2188（+）
WI	0.2886	0.2498	0.4236	（+）0.5477（−）	0.7124（+）
ZO	0.3769	0.3741	0.4093	（+）0.4574（−）	0.5206（+）

表 5-9 给出了 NECAID 模型与其他分类属性数据特征学习模型在 S 指标上的特征学习能力对比结果。由表 5-9 可知，NECAID 模型在 6 个数据集上特征学习能力优于已有的三个模型，但仅在 MA 和 PT 两个数据集上学到的特征表示优于第 4 章提出的特征学习 NECAR 模型。由此可知，基于 S 指标和 CH 指标的评价结果具有一致性，本章引入聚类目标后提出的 NECAID 模型在分类属性数据深度特征学习能力上明显差于第 4 章直接以特征学习为目标的 NECAR 模型，但 NECAID 模型的特征学习能力仍显著优于已有的三种分类属性数据特征学习模型。

为更直观地比较不同模型在分类属性数据特征学习方面的效果，图 5-12 绘制出了本章 NECAID 模型与第 4 章 NECAR 模型在 11 个实验数据集上特征学习表现优于已有的 FQ、OH 和 CDE 模型的次数。由图可知，NECAID 模型的特征学习能力虽然不如 NECAR 模型，但在超过一半数据集上的特征学习表现都优于已有模型，意味着本章提出的深度聚类 NECAID 模型在获得准确聚类结果的同时，还能输出较优的分类属性数据深度特征表示。

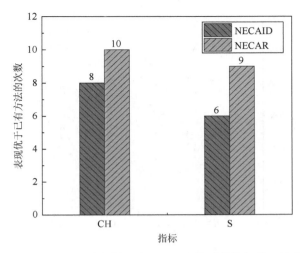

图 5-12　NECAID 算法与第 4 章 NECAR 算法的特征学习结果比较

5.4.5　参数敏感性分析

本小节基于表 5-1 中的数据集 ZO 对分类属性数据深度聚类方法 NECAID 进行参数敏感性分析。

NECAID 方法的参数包括：多头注意力机制参数 K、聚类个数 T、特征学习损失参数 φ_1 和 φ_2、聚类损失权重参数 λ。本章实验中 K 的取值规定为 8，T 取公开数据集的真实类个数，此外，φ_1 和 φ_2 的敏感性已在 4.5.4 小节中讨论过，因此本节主要分析聚类损失权重参数 λ 对模型主要目标——聚类结果和副产物——特征学习结果的影响。

图 5-13 绘制了聚类损失权重 λ 的变化对 NECAID 方法聚类结果的影响，λ 取值范围为 $\{0.1, 0.2, 0.3, 0.4, 0.5, 0.6, 0.7, 0.8, 0.9\}$，聚类结果的变化通过 NMI、ARI 和 F1-score 评价指标值来表现。由图 5-13 可知，当 λ 取值小于 0.6 时，NECAID 方法的聚类效果变化较为平稳；当 λ 大于 0.6 时，聚类效果出现了明显下降，这表明聚类损失权重不宜过大，若权重太大，会加重聚类损失对总体损失的贡献，削弱特征学习损失的作用，导致扭曲学习到的深度特征空间，从而影响聚类结果的准确性。

图 5-14 展示了聚类损失权重 λ 的变化对 NECAID 模型副产物——特征学习结果的影响，模型特征学习能力的变化通过 CH 和 S 评价指标值来表现。可以看到，NECAID 模型的特征学习能力随着 λ 的增大出现了较大的波动，总体上存在先上升后下降的趋势。这表明适当增大聚类损失在总体损失函数中的权重，能够优化模型学习到的特征表示，使其具有聚类导向，但当聚类损失权重过大时，会导致模型完全以聚类为目标，逐渐失去特征学习能力。

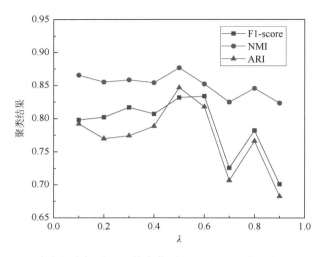

图 5-13　聚类损失权重 λ 取值变化对 NECAID 方法聚类结果的影响

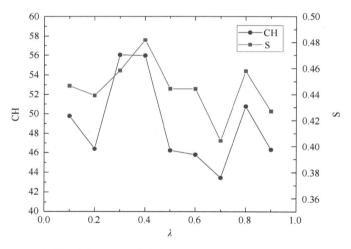

图 5-14　聚类损失权重 λ 取值变化对 NECAID 方法特征学习结果的影响

5.5　本章小结

本章基于第 4 章决策空间表征中的分类属性数据深度特征学习研究成果，面向决策支持过程中的决策分析过程，借鉴深度聚类和网络嵌入基本思想，研究分类属性数据聚类分析问题，提出了分类属性数据深度聚类方法 NECAID，具体研究成果如下。

（1）基于分类属性数据加权异构网络，提出了分类属性取值节点的对齐编码。该编码保存了节点对应属性取值到出现该取值的所有数据对象间关系，能够实现在学习过程中由分类属性取值表征还原出分类属性数据表征的目的，为完成后续聚类分析任务奠定基础。

（2）融合聚类分析目标在基于网络的特征学习中，构建了分类属性数据深度聚类方法。借鉴经典深度聚类基本思想，基于数据对象到类的软分配计算聚类损失，并将其与特征学习损失融合起来，统一训练网络，弥补了传统分离训练模式中聚类损失扭曲特征空间的不足，能够同时完成分类属性数据的深度特征学习和聚类划分。

（3）基于公开分类属性数据集的实验分析表明，本章向网络中引入的聚类损失具有提升分类属性数据聚类效果的作用，并且相比于已有聚类方法，提出的分类属性数据深度聚类方法能够更加准确地对分类属性数据进行聚类划分。

本章研究成果在支持管理决策过程中具有如下实际意义。

为决策支持过程处理未标记的分类属性数据提供了更加准确的决策分析方法。本章研究成果将深度学习在非结构化数据和结构化数值属性数据上的优异表现扩展至分类属性数据中，缓解了决策支持过程面对分类属性数据时，只能选择有限且处理能力不足的分析方法的局面，为基于此类型数据的决策支持过程提供了更加优秀的分类属性数据分析方法。

第 6 章　分类属性数据聚类内部有效性评价

本章面向决策支持过程中的决策结果评价阶段，研究分类属性数据的聚类结果有效性评价问题，舍弃分类属性取值之间相互独立的独立性假设，提出面向决策结果评价的分类属性数据聚类内部有效性评价指标。

本章所提指标基于数据自身特征和聚类结果进行评价，未利用真实标签等外部信息，能够充分考虑聚类结果中分类属性数据间的细节分布信息，得到更加准确的聚类评价结果，具有明确的理论意义和实际应用价值。理论上，舍弃了传统方法依据的分类属性取值间相互独立的基本假设，弥补现有研究存在的无法深入衡量分类属性数据聚类结果中数据对象间关系的不足；实践中，具有较大应用范围，不仅适用于具有深度特征的分类属性数据深度聚类结果评价任务，还可应用于传统分类属性数据聚类方法的聚类结果评价中，为科学支持管理决策过程提供保障。

6.1　决策支持中的聚类内部有效性评价需求

决策结果评价是决策支持过程的重要程序，针对决策分析结果，采用定量方法度量该结果的有效性，保证基于科学合理的分析结果支持管理决策过程。

获得决策分析结果不是决策支持的最后一步，仍需验证该结果是科学有效的。针对本书关注的分类属性数据，利用数据挖掘等技术从中识别出潜在的知识模式后，如何定量验证其有效性，是决策支持过程中面临的实际需求。图 6-1 以人才招聘为例展示了分类属性数据聚类结果评价在决策支持过程中的实际需求。对于具有分类属性特点的人才数据，经过学习其在决策空间中的表征以及利用聚类进行人才细分后，需要通过定量的方法验证该人才细分结果是否科学合理，才能放心地基于其支持企业制定招聘决策。

分类属性数据聚类内部有效性评价是决策结果评价阶段的常用评价方法，用于验证决策支持过程常面临的未标记分类属性数据聚类分析结果的有效性。已有针对分类属性数据的聚类内部有效性评价相关研究较少，且存在分类属性取值间关系挖掘能力不足以及聚类结果中数据对象分布信息衡量不充分的缺陷。

本章针对决策支持过程中的决策结果评价阶段，研究分类属性数据聚类内部有效性评价，解决已有方法存在的评价结果不精准问题。此外，7.4.2 小节还将本章研究成果应用于人才招聘决策支持实际问题中，展现其实际应用价值。

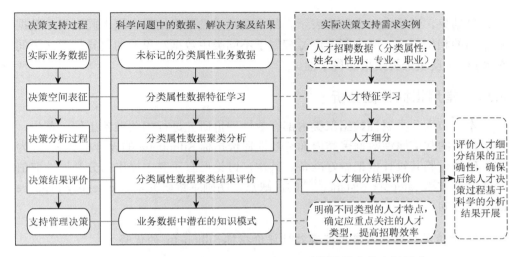

图 6-1　分类属性数据聚类结果评价——决策支持中的实际需求

6.2　分类属性数据聚类内部有效性评价问题

本节首先明确分类属性数据聚类内部有效性评价的问题特征及内涵，再对经典数值属性数据聚类内部有效性评价指标的设计框架进行分析，并且对已有工作中提出的分类属性取值距离度量方法进行讨论，明确提出针对分类属性数据聚类内部有效性评价指标的研究方向和思路。

6.2.1　问题特征及内涵

数据集 $X=\{x_1,x_2,\cdots,x_i,\cdots,x_n\}$ $(1\leqslant i\leqslant n)$ 中包含由 m 个分类属性 $C=\{c_1,c_2,\cdots,c_j,\cdots,c_m\}$ $(1\leqslant j\leqslant m)$ 描述的 n 个分类属性数据，其中，数据对象 x_i 表示为 $x_i=\left[x_i^1,x_i^2,\cdots,x_i^j,\cdots,x_i^m\right]$，属性 c_j 在数据集 X 中出现了 $|c_j|$ 个取值，分别是 $c_j=\left\{c_j^1,c_j^2,\cdots,c_j^l,\cdots,c_j^{|c_j|}\right\}$。

数据集 X 被聚类分析方法划分至 T 个类中，聚类划分结果表示为 $\pi=\{\pi_1,\pi_2,\cdots,\pi_t,\cdots,\pi_T\}$，其中第 t 个类 π_t 的类中心为 π_t^c，该类中包含 $|\pi_t|$ 个数据对象 $\pi_t=\left\{x_{\pi_t}^1,x_{\pi_t}^2,\cdots,x_{\pi_t}^g,\cdots,x_{\pi_t}^{|\pi_t|}\right\}$，数据集 X 的中心为 π^c。

本章将研究如何对分类属性数据集 X 的聚类结果 π 进行准确的有效性评价，评价过程仅依据原始数据集和聚类划分结果，不涉及真实类标签等其他外部信息，最终获得通过定量方式表示的评价结果。

此问题的目标是输入分类属性数据集 X 及其聚类划分结果 π，输出对 π 的定量评价结果，通常由一个数值表示。其本质是度量聚类结果中属于同一类中数据对象间的相似程度（类内紧密度）和属于不同类中数据对象间的差异程度（类间分离度），反映聚类结果的科学性。

6.2.2　常用指标特征分析

本小节为分类属性数据聚类内部有效性评价研究进行相关准备工作。首先，分析经典的数值属性数据聚类内部有效性评价指标 Silhouette 的设计框架优势，为本章研究借鉴其设计框架做好准备。其次，讨论已有研究中提出的分类属性取值距离度量方法 category distance[188] 的优缺点，明确本章研究基于 category distance 的改进方向。

1. 数值属性数据聚类内部有效性评价指标 Silhouette 的优势

考虑到针对数值属性数据的聚类内部有效性评价指标研究较为充分[98]，通过讨论 5 个常用的数值属性数据评价指标——D（Dunn）指标、CH（Calinski-Harabasz）指标、I 指标、DB（Davies-Bouldin）指标和 S（Silhouette）指标的特征，明确 S 评价指标的设计框架优势，为后续借鉴 S 指标的设计框架并提出针对分类属性数据的聚类内部有效性评价指标奠定基础。

1）D 指标特征分析

D 指标的计算方式如下：

$$D(\pi) = \min_{1 \leq t' \leq T}\left(\min_{1 \leq t \leq T, t \neq t'}\left(\frac{\min\limits_{1 \leq g \leq |\pi_t|, 1 \leq h \leq |\pi_{t'}|} d\left(x^g_{\pi_t}, x^h_{\pi_{t'}}\right)}{\max\limits_{1 \leq r \leq T}\left\{ \max\limits_{1 \leq p \leq |\pi_r|, 1 \leq q \leq |\pi_r|} d\left(x^p_{\pi_r}, x^q_{\pi_r}\right)\right\}} \right)\right) \tag{6-1}$$

式中，$d(\cdot, \cdot)$ 表示两个数据对象之间的距离。分子通过度量不同类中数据对象的最小距离，反映了聚类结果的类间分离度。分母通过计算同一类中数据对象之间的最大距离，衡量聚类结果的类内紧密度。不同类之间的距离越大对应的类间分离度越好，相反地，同一类中的距离越小表示类内紧密度越好。因此，D 指标取值越大意味着聚类效果越优秀。

图 6-2 绘制了 D 指标对聚类结果进行有效性评价时考虑的数据对象分布信息示意图。图 6-2 给出的聚类结果示例包含四个类，分别用黑色曲线包围，黑色点表示数据对象，灰色点表示每个类的类中心；黑色实直线表示计算类内紧密度时用到的分布信息，黑色虚直线表示计算类间分离度时用到的分布信息。由图可知，D 指标评价聚类结果的有效性时仅利用了两个距离，即黑色实直线代表的类内最大距离，以及黑色虚直线代表的类间最小距离。除此之外，D 指标未考虑聚类结

果中的其他任何分布信息，因此，从 D 指标的设计框架来看，其在评价聚类结果有效性时，仅利用了极少的分布信息，评价结果的准确性较差。

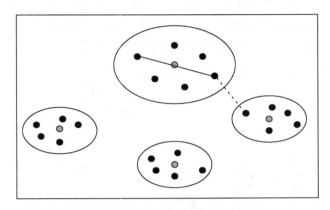

图 6-2　D 指标评价聚类结果时考虑的数据对象分布信息示意图

2）CH 指标特征分析

CH 指标的计算方式如下：

$$\mathrm{CH}(\pi)=\frac{\dfrac{1}{T-1}\sum_{t=1}^{T}\left|\pi_{t}\right|d^{2}\left(\pi_{t}^{c},\pi^{c}\right)}{\dfrac{1}{n-T}\sum_{r=1}^{T}\sum_{g=1}^{\left|\pi_{r}\right|}d^{2}\left(x_{\pi_{r}}^{g},\pi_{r}^{c}\right)}\tag{6-2}$$

式中，分子通过计算聚类结果中所有类的类中心到数据集中心的距离平方的加权平均数反映类间分离度，权重为每个类包含的数据对象个数。分母通过度量每个类中所有数据对象到该类中心的距离平方反映聚类结果的类内紧密度。同 D 指标一样，CH 指标取值越大，表示聚类效果越好。

图 6-3 展示了 CH 指标评价聚类结果时考虑到的数据对象分布信息。白色点表示数据集中心。与 D 指标相比，CH 指标考虑了全部数据对象的分布信息，设计框架更加合理。然而，CH 指标中计算的距离全部是基于中心的距离，包括衡量类内紧密度时计算的数据对象到所在类中心的距离，以及衡量类间分离度时计算的各个类中心到数据集中心的距离。这种距离度量方式相比于基于数据对象的距离存在一些缺陷，在某些情况下无法准确反映聚类结果中的分布状况。如图 6-3 所示，对于类间分离度，黑色虚直线表示的各个类中心到数据集中心的距离较远，意味着 CH 指标认为此聚类结果具有较好的类间分离度，但实际上右上角两个类和左下角两个类分别彼此靠近，不同类之间的分离情况较差，说明 CH 指标无法

准确识别出这种分布情况。类似地，对于类内紧密度，图中黑色实直线表示的数据对象到相应类中心距离虽然较小，但同一类中数据对象明显分布于类中心两侧，彼此远离，并不具备较优秀的类内紧密度，CH 指标也无法准确识别这种分布情况。简言之，受到基于中心的距离影响，CH 指标可能将表现较差的类间分离度和类内紧密度评价为优秀，导致无法准确评价聚类效果。

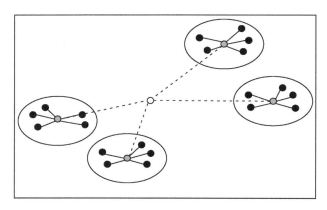

图 6-3　CH 指标评价聚类结果时考虑的数据对象分布信息示意图

3）I 指标特征分析

I 指标的计算方式如下：

$$I(\pi) = \left(\frac{1}{T} \frac{\sum_{i=1}^{n} d\left(x_i, \pi^c\right)}{\sum_{t=1}^{T} \sum_{g=1}^{|\pi_t|} d\left(x_{\pi_t}^g, \pi_t^c\right)} \max_{\substack{1 \leqslant t \leqslant T, \\ 1 \leqslant t' \leqslant T, \\ t \neq t'}} d\left(\pi_t^c, \pi_{t'}^c\right) \right)^p \qquad (6\text{-}3)$$

式中，类间分离度通过计算所有数据对象到数据集中心（分数的分子部分）和最大的类中心距离（分数右侧的乘数）衡量，类内紧密度通过计算每个类中数据对象到相应类中心的距离（分数的分母部分）度量，参数 p 一般设置为 1。I 指标值越大，表示聚类结果的评价效果越好。

图 6-4 绘制了 I 指标评价聚类结果有效性时考虑的数据对象分布信息。总体来看，I 指标示意图与图 6-3 中的 CH 指标示意图十分相似。区别在于，I 指标衡量类间分离度时考虑了数据集中所有数据对象到数据集中心的距离，以及距离最远的两个类的类中心距离。虽然相比于 CH 指标，I 指标考虑了更多的数据分布信息，但其本质上仍是根据基于中心的距离进行计算，同样存在无法准确评价类之间或数据对象之间分布关系的不足。

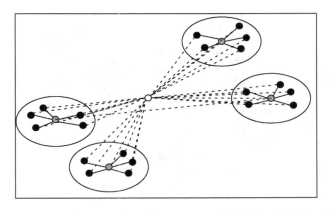

图 6-4　I 指标评价聚类结果有效性时考虑的数据对象分布信息示意图

4）DB 指标特征分析

DB 指标的计算方式如下：

$$\mathrm{DB}(\pi)=\frac{1}{T}\sum_{t'=1}^{T}\max_{1\leqslant t\leqslant T,t\neq t'}\left(\frac{\dfrac{1}{|\pi_{t'}|}\sum_{g=1}^{|\pi_{t'}|}d\left(x_{\pi_{t'}}^{g},\pi_{t'}^{c}\right)+\dfrac{1}{|\pi_{t}|}\sum_{h=1}^{|\pi_{t}|}d\left(x_{\pi_{t}}^{h},\pi_{t}^{c}\right)}{d\left(\pi_{t'}^{c},\pi_{t}^{c}\right)}\right) \qquad (6\text{-}4)$$

　　DB 指标通过度量聚类结果中每个类的类间分离度和类内紧密度来反映聚类结果的总体效果。与 CH 指标和 I 指标相似，DB 指标同样依据基于中心的距离进行计算。类间分离度通过两个类的类中心距离（分数的分母部分）反映，类内紧密度则基于数据对象到对应类中心的距离（分数的分子部分）计算得到。DB 指标中分母反映类间分离度，分子反映类内紧密度，因此，DB 指标值越小，代表聚类效果越好。

　　图 6-5 展示了 DB 指标评价聚类结果有效性时考虑的数据对象分布信息。由于 DB 指标会度量每个类的类间分离度和类内紧密度，为方便展示，图中以左上方的曲线包围的类为例，仅绘制出 DB 指标计算此目标类时考虑的分布信息。由图可知，黑色虚直线表示两个类的类中心距离，反映类间分离度。黑色实直线度量每类中数据对象到对应类中心的距离，代表类内紧密度。由于采用类中心代表一个类会忽视类的边界信息，当面临类中心远离，但类边界相邻的情况时，基于中心的距离无法准确反映两个类的分离程度。如图 6-5 中的左上方的类和右上方的类，两类实际彼此相邻，但类中心之间的距离大，会造成指标误判两类的分离度较高。以数据对象到类中心的距离度量类内紧密度的不足已在 CH 指标特征分析中详细介绍过，此处不再赘述。简言之，DB 指标仅根据基于中心的距离评价聚类结果，无法准确反映聚类结果中数据对象的分布情况，造成其评价结果不够准确。

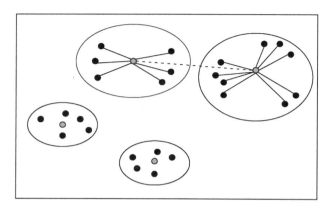

图 6-5　DB 指标评价聚类结果有效性时考虑的数据对象分布信息示意图

5）S 指标特征分析

S 指标的计算方式如下：

$$S(\pi)=\frac{1}{T}\sum_{t=1}^{T}\left(\frac{1}{|\pi_t|}\sum_{g=1}^{|\pi_t|}\frac{b\left(x_{\pi_t}^g\right)-a\left(x_{\pi_t}^g\right)}{\max\left(b\left(x_{\pi_t}^g\right),a\left(x_{\pi_t}^g\right)\right)}\right) \tag{6-5}$$

式中

$$a\left(x_{\pi_t}^g\right)=\frac{1}{|\pi_t|-1}\sum_{\substack{h=1\\h\neq g}}^{|\pi_t|}d\left(x_{\pi_t}^g,x_{\pi_t}^h\right) \tag{6-6}$$

$$b\left(x_{\pi_t}^g\right)=\min_{1\leqslant t'\leqslant T,t'\neq t}\left(\frac{1}{|\pi_{t'}|}\sum_{h=1}^{|\pi_{t'}|}d\left(x_{\pi_t}^g,x_{\pi_{t'}}^h\right)\right) \tag{6-7}$$

　　S 指标通过度量每个数据对象的类间分离度和类内紧密度来反映聚类结果的有效性。$a\left(x_{\pi_t}^g\right)$ 表示第 t 个类 π_t 中的第 g 个数据对象 $x_{\pi_t}^g$ 的类内紧密度，通过式（6-6）计算得到。$b\left(x_{\pi_t}^g\right)$ 表示数据对象 $x_{\pi_t}^g$ 的类间分离度，通过式（6-7）计算得到。显然，数据对象 $x_{\pi_t}^g$ 的类内紧密度和类间分离度都是基于数据对象间的距离计算得到，并未涉及类中心和数据集中心，这与上述的 CH、I 和 DB 指标有明显区别。S 指标值越大，表示聚类效果越好。

　　图 6-6 绘制了 S 指标评价聚类结果有效性时考虑的数据对象分布信息。由于 S 指标会计算所有数据对象的类间分离度和类内紧密度，为便于展示，图 6-6 中以最上方类的中心点代表的数据对象为例，仅呈现出计算 S 指标时与该目标数据对象相关的分布信息。如图 6-6 所示，目标数据对象的类间分离度通过计算与其距离最近的类中所有数据对象之间的距离（黑色虚直线）得到，目标数据对象的类内紧密度通过与同一类中其他数据对象间的距离（黑色实直线）反映。显然，S

指标计算过程中并未涉及类中心和数据集中心，完全基于数据对象之间的距离对聚类结果进行评价，并且 S 指标会度量每个数据对象的类间分离度和类内紧密度，这种非常微观的评价视角能够尽可能考虑到聚类结果中所有分布信息。因此，从设计框架的角度来看，S 指标相比于上述 4 个指标，更加全面地考虑了所有数据对象在聚类结果中的分布状态，并且依据基于数据对象的距离能够精准地度量数据对象之间的分布关系，从而获得准确的聚类有效性评价结果。

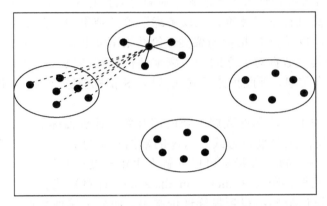

图 6-6　S 指标评价聚类结果有效性时考虑的数据对象分布信息示意图

6）5 种常用数值属性数据聚类内部有效性评价指标的特征总结

在此总结上述 5 种常用数值属性数据聚类内部有效性评价指标的特征，并明确本章进行分类属性数据聚类内部有效性评价指标的研究思路。

上述 5 个指标的特征展示在图 6-7 中，现从如下两个角度分别对 5 个评价指标的特征进行总结。

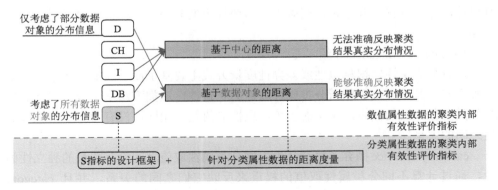

图 6-7　5 种常用数值属性数据聚类内部有效性评价指标的特征总结

（1）指标采用的距离度量方式。CH 指标、I 指标和 DB 指标依据基于中心的距离评价聚类结果，D 指标和 S 指标通过基于数据对象的距离评价聚类结果。基于中心的距离未考虑聚类结果中数据对象彼此之间的关系，忽视了类边界附近数据对象的分布情况，导致无法准确反映聚类结果的真实分布，因此 CH 指标、I 指标和 DB 指标无法得到准确的聚类评价结果，后续重点关注采用基于数据对象距离的 D 指标和 S 指标。

（2）指标评价过程纳入考虑的数据对象分布信息量。虽然 D 指标基于数据对象之间的距离进行聚类评价，但仅考虑了聚类结果中少部分数据对象之间的分布关系，因此也导致 D 指标的聚类评价结果不够准确。而 S 指标通过计算每个数据对象与其他数据对象之间的距离来评价聚类结果，尽可能多地反映了聚类结果中的分布信息，因此相比于其他指标，S 指标能够得到更加准确的聚类评价结果。

基于上述关于数值属性数据聚类内部有效性评价指标的特征讨论，可以知道 S 指标在采用的距离度量方式和考虑的数据对象分布信息量两方面都具有显著优势。需要注意的是，S 指标可以理解为由距离度量和设计框架两部分组成，其通常利用欧几里得距离（Euclidean distance）计算数值属性数据对象之间的距离，再套入设计框架中得到最终评价结果。而分类属性数据无法进行代数运算，也就不能利用欧几里得距离度量分类属性数据之间的距离。因此，本章只借鉴 S 指标的设计框架优势，此外，还需提出满足距离定义的分类属性数据距离度量，将其与 S 指标设计框架结合，构建出分类属性数据的聚类内部有效性评价指标。

2. 关于分类属性取值距离度量方法 category distance 的讨论

本小节对已有研究中提出的分类属性取值距离度量方法 category distance 进行讨论，分析其优势和不足，明确本章将要提出的分类属性取值距离度量的设计思路。

1）category distance 介绍

已有分类属性数据相似性或差异性度量方式主要基于简单匹配、概率和熵这三种方式，其核心在于判断分类属性取值的一致性，这类方法基于分类属性取值之间具有独立性的假设，仅考虑了分类属性取值是否相同，没有考虑不同属性取值之间的关系。

category distance 抛弃了传统认为不同分类属性取值之间没有关系的独立性假设，通过计算不同分类属性取值的权重来反映它们之间的关系，并且 category distance 为了满足距离定义的三项基本条件——非负性、对称性和三角不等式，首先定义了一个一般性的距离度量框架：

$$\begin{cases} \psi\left(c_j^l, c_j^{l'}\right) = \begin{cases} \sqrt{\rho\left(c_j^l\right)}, & c_j^l = c_j^{l'} \\ \sqrt{\dfrac{1}{2}\left(\overline{\rho}\left(c_j^l\right) + \overline{\rho}\left(c_j^{l'}\right)\right)}, & c_j^l \neq c_j^{l'} \end{cases} \\ \text{s.t.} \forall c_j^l : \overline{\rho}\left(c_j^l\right) \geqslant \rho\left(c_j^l\right) \geqslant 0 \end{cases} \tag{6-8}$$

式中，c_j^l 和 $c_j^{l'}$ 表示同一分类属性 c_j 上的两个取值；$\rho\left(c_j^l\right)$ 表示当两个取值相等时对于取值 c_j^l 的差异性；$\overline{\rho}\left(c_j^l\right)$ 表示当两个取值不等时对于取值 c_j^l 的差异性。这一研究[188]中已证明任何符合这一框架的距离度量公式都满足距离定义的三个条件。

对于一般性距离度量框架中的 $\rho\left(c_j^l\right)$ 和 $\overline{\rho}\left(c_j^l\right)$，其计算方式如下：

$$\begin{cases} \rho\left(c_j^l\right) = \left(1 - \lambda_X\left(c_j^l\right)\right)^{\frac{1}{\beta}} \\ \overline{\rho}\left(c_j^l\right) = \left(1 + \lambda_X\left(c_j^l\right)\right)^{\frac{1}{\beta}} \end{cases} \tag{6-9}$$

式中，$0 \leqslant \lambda_X\left(c_j^l\right) \leqslant 1$ 为分类属性取值 c_j^l 的权重，反映了 c_j^l 对于距离计算的贡献；指数 $\dfrac{1}{\beta} > 1$ 被用来控制属性取值贡献的强度。根据式（6-8）和式（6-9），category distance 定义如下：

$$\psi_{\mathrm{CD}}\left(c_j^l, c_j^{l'}\right) = \begin{cases} \left(1 - \lambda_X\left(c_j^l\right)\right)^{\frac{1}{2\beta}}, & c_j^l = c_j^{l'} \\ \left(1 + \dfrac{1}{2}\lambda_X\left(c_j^l\right)^{\frac{1}{\beta}} + \dfrac{1}{2}\lambda_X\left(c_j^{l'}\right)^{\frac{1}{\beta}}\right)^{\frac{1}{2}}, & c_j^l \neq c_j^{l'} \end{cases} \tag{6-10}$$

由式（6-10）可知，category distance 的计算依赖于分类属性取值的权重 $\lambda_X\left(c_j^l\right)$ 和 $\lambda_X\left(c_j^{l'}\right)$。然而，已有的 category distance 研究没有直接给出分类属性取值的权重计算方式，而是将其转化为一个优化问题融合到聚类过程中，通过聚类过程迭代更新分类属性取值权重和类别划分，直到聚类结束才能获得所有分类属性取值的权重。这意味着，式（6-10）所示的分类属性取值的距离度量被融合到聚类过程中，无法直接计算得到。

2）category distance 特征分析

接下来对已有研究提出的分类属性取值距离度量方法 category distance 的优势和不足进行分析。

（1）优势：category distance 丢弃了分类属性取值无关的独立性假设，能够反映同一分类属性中不同取值之间的关系，并且满足距离定义的三个条件，因此能够灵活地被用于已有的聚类内部有效性评价指标框架中。

（2）不足：category distance 存在两点缺陷，一是依据式（6-10）计算时，各分类属性上取值完全相等的两个数据对象间距离大于零；二是距离计算与聚类过程融合在一起，无法直接计算得到分类属性数据间距离，以用于其他任务。

为解决 category distance 的这两点缺陷，本章将从两方面对其进行改进：首先，改进式（6-8）中的一般性距离度量框架，使得各分类属性上取值完全相同的数据对象间距离为零；其次，改进分类属性取值的权重计算方式，使其独立于聚类过程，能够基于原始分类属性数据集直接计算得到。

本小节从理论的角度明确了经典的数值属性数据聚类内部有效性评价指标 Silhouette（S）在设计框架上的优势，并且对已有工作中提出的分类属性取值距离度量方法 category distance 进行了讨论，分析了其优势和不足，为后续提出针对分类属性数据的聚类内部有效性评价指标做好了准备。

6.3　内部有效性评价指标

本节介绍分类属性数据聚类内部有效性评价指标的基本构建思路，给出针对已有分类属性取值距离度量 category distance 的改进过程，提出改进后能够直接计算的分类属性数据距离度量（improved distance for categorical data，IDC）方法，结合 IDC 与上述准备工作中明确了具有设计优势的 S 指标评价框架，提出分类属性数据聚类内部有效性评价指标 CUBOS（categorical data cluster utility based on silhouette），最后对所提指标 CUBOS 进行特征分析。

6.3.1　基本思想

为充分挖掘分类属性数据聚类结果中数据对象的分布信息、准确评价聚类结果的有效性，本章借鉴已有研究中的聚类内部有效性指标设计框架和分类属性取值距离度量优势，提出分类属性数据聚类内部有效性评价指标。

分类属性数据聚类内部有效性评价指标构建的基本思路如图 6-8 所示。首先，继承数值属性数据聚类内部有效性评价指标 Silhouette 设计框架的优势，尽可能多地衡量聚类结果中数据对象间细节分布信息；其次，改进已有工作中 category distance 的不足，提出分类属性数据距离度量方法 IDC，此距离度量方法满足距离定义的三个条件（非负性、对称性、三角不等式）；最后，将提出的距离度量 IDC 应用于 S 指标框架中，构建出针对分类属性数据的聚类内部有效性评价指标 CUBOS。

采用此研究思路构建分类属性数据聚类内部有效性评价指标，需要解决的关键难点在于：解决已有工作中分类属性取值距离度量方法 category distance 的计算依赖于聚类过程的不足，提出能够基于分类属性数据直接计算的距离度量方法。已有工作中提出的距离度量方法 category distance 的计算过程融合在聚类任务中，

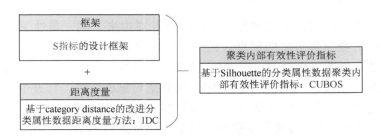

图 6-8　分类属性数据聚类内部有效性评价指标构建的基本思路

不可直接计算得到分类属性数据间距离，导致无法便捷地应用于后续基于距离的任务。因此，如何解决 category distance 的这一缺陷，以实现直接计算分类属性数据间距离是本章研究面临的一个难题。

　　需要注意的是，聚类结果评价对应于决策支持过程的决策结果评价阶段，这一阶段的主要目标是验证已经得到的决策分析结果的正确性和科学性，验证过程应尽量轻便快速。因此，考虑到深度学习相关方法需要复杂的训练过程，本章研究分类属性数据聚类内部有效性评价问题时，将不会在指标构建中引入深度学习理论，但是构建的指标需要能够适用于具有深度特征的分类属性数据深度聚类结果的评价任务。

　　6.3.2 小节针对本章研究难点，提出独立于其他分析任务的分类属性数据距离度量方法；6.3.3 小节将提出的距离度量与 S 指标设计框架结合，构建了分类属性数据聚类内部有效性评价指标 CUBOS。

6.3.2　距离度量

　　本小节基于 category distance 提出针对分类属性数据的距离度量方法，关键在于解决 category distance 存在的两点不足：一是分类属性权重的计算依赖于聚类过程；二是完全相同的两个分类属性数据之间距离大于 0。后续将分别介绍针对这两点不足的解决方案，提出改进后的分类属性数据距离度量方法 IDC。

1. 改进的属性权重计算方式

　　改进分类属性权重计算方式的基本思路来源于信息论。当概率大的事件发生时，提供的信息量较少，而当出现概率小的事件发生时，反而能够提供更多的信息量。这一基本思想被隐含在信息量的定义中：

$$H(e) = -\log_2 p(e) \tag{6-11}$$

式中，e 为某一事件；$H(e)$ 为度量事件 e 包含的信息量；$p(e)$ 表示事件发生时的概率。容易看到，信息量的计算公式是一个减函数，事件发生概率越小，其包含的信息量越大。

将这一思想应用到分类属性取值的权重计算中来。同一属性下，出现次数越多的取值对数据集贡献的信息量越少，出现次数较少的取值对数据集贡献的信息量更多。以图 6-9 中的示例为例，"性别"属性下取值"男"出现的次数明显多于"女"，因此，当某一个性别为女的数据对象出现时，对整个数据集来说是更为特别的，贡献的信息量较多。同样地，对于"专业"属性，"工程"出现的次数多于"科学"，当某个专业为"科学"的数据对象出现在数据集中时，贡献的信息量更多。

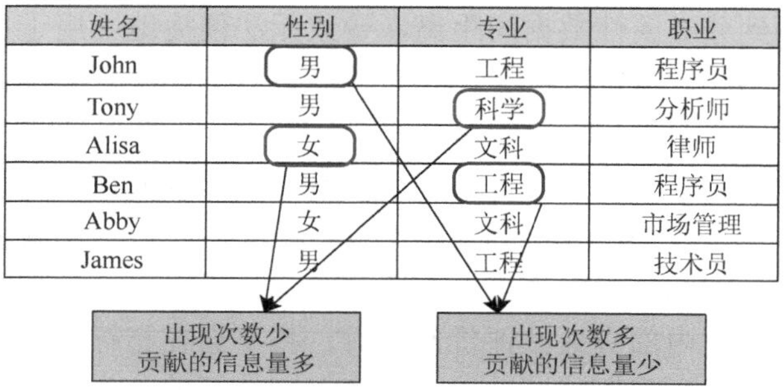

姓名	性别	专业	职业
John	男	工程	程序员
Tony	男	科学	分析师
Alisa	女	文科	律师
Ben	男	工程	程序员
Abby	女	文科	市场管理
James	男	工程	技术员

出现次数少 贡献的信息量多　　　　出现次数多 贡献的信息量少

图 6-9　分类属性取值出现次数与贡献信息量的关系举例

依据出现次数较少的属性取值在数据集中贡献的信息量大于出现次数较多的属性取值这一基本思想，本小节基于整体数据集 X 给出了分类属性取值的权重计算方式：

$$\lambda_X\left(c_j^l\right)=1-\sum_{v_j^{l'}\in\mathrm{MSFVS}\left(c_j^l\right)}p\left(v_j^{l'}\right) \tag{6-12}$$

$$p\left(c_j^{l'}\right)=\frac{f\left(c_j^{l'}\right)\times\left(f\left(c_j^{l'}\right)-1\right)}{n\times(n-1)} \tag{6-13}$$

式中，$f\left(c_j^{l'}\right)$ 为分类属性取值 $c_j^{l'}$ 在数据集 X 中出现的次数；$\mathrm{MSFVS}\left(c_j^l\right)$ 为集合 X 中在第 j 个属性上的出现概率小于或等于 c_j^l 出现概率的所有取值集合。这一权重计算方式是参考 Goodall 提出的基于概率的相似度指标[189]衍生而来，通过赋予出现次数较少的属性取值更大的权重来反映不同属性取值之间的关系。

此部分借鉴信息论基本思想，基于分类属性取值在数据集中的出现概率，提出了分类属性取值的权重计算方法，弥补了原 category distance 中属性取值权重确定过程与聚类融合在一起，无法直接计算的不足。

2. 改进的距离度量框架

已有工作 category distance 中给出的一般性距离度量框架［见式（6-8）］，

存在当分类属性取值相等时距离却大于 0 的不足。本节将该框架改进为如下形式:

$$\begin{cases} \psi\left(c_j^l, c_j^{l'}\right) = \begin{cases} 0, & c_j^l = c_j^{l'} \\ \sqrt{\dfrac{1}{2}\left(\overline{\rho}\left(c_j^l\right) + \overline{\rho}\left(c_j^{l'}\right)\right)}, & c_j^l \neq c_j^{l'} \end{cases} \\ \text{s.t.} \forall c_j^l : \overline{\rho}\left(c_j^l\right) \geqslant \rho\left(c_j^l\right) \geqslant 0 \end{cases} \quad (6\text{-}14)$$

其中,改进过程仅将分类属性取值相等时的距离修改为零。值得注意的是,任何符合这一框架的距离度量都满足距离定义的三个条件:

$$\begin{cases} \psi(a,b) \geqslant 0 \,(\text{非负性}) \\ \psi(a,b) = \psi(b,a) \,(\text{对称性}) \\ \psi(a,b) \leqslant \psi(a,c) + \psi(c,b) \,(\text{三角不等式}) \end{cases} \quad (6\text{-}15)$$

式中,$\psi(a,b)$ 表示 a 和 b 之间的距离。式(6-14)显然满足非负性和对称性。对于三角不等式这一性质,将分别从以下五个方面进行证明。

1)当 $a = b = c$ 时
因为 $a = b$,所以 $\psi(a,b) = 0$;
同样地,因为 $a = c$, $b = c$,所以 $\psi(a,c) = 0$, $\psi(c,b) = 0$;
可知 $\psi(a,b) \leqslant \psi(a,c) + \psi(c,b)$。

2)当 $a = b$, $a \neq c$, $b \neq c$ 时
因为 $a = b$,所以 $\psi(a,b) = 0$;

因为 $a \neq c$,所以 $\psi(a,c) = \sqrt{\dfrac{1}{2}\left(\overline{\rho}(a) + \overline{\rho}(c)\right)}$;

又因为 $b \neq c$,所以 $\psi(c,b) = \sqrt{\dfrac{1}{2}\left(\overline{\rho}(c) + \overline{\rho}(b)\right)}$;

因为 $\sqrt{\dfrac{1}{2}\left(\overline{\rho}(a) + \overline{\rho}(c)\right)} + \sqrt{\dfrac{1}{2}\left(\overline{\rho}(c) + \overline{\rho}(b)\right)} \geqslant 0$,

可知 $\psi(a,b) \leqslant \psi(a,c) + \psi(c,b)$。

3)当 $a = c$, $a \neq b$, $b \neq c$ 时
因为 $a = c$,所以 $\psi(a,c) = 0$;

因为 $a \neq b$,所以 $\psi(a,b) = \sqrt{\dfrac{1}{2}\left(\overline{\rho}(a) + \overline{\rho}(b)\right)}$;

因为 $b \neq c$,所以 $\psi(c,b) = \sqrt{\dfrac{1}{2}\left(\overline{\rho}(c) + \overline{\rho}(b)\right)}$;

因为 $a = c$,所以 $\sqrt{\dfrac{1}{2}\left(\overline{\rho}(a) + \overline{\rho}(b)\right)} = \sqrt{\dfrac{1}{2}\left(\overline{\rho}(c) + \overline{\rho}(b)\right)}$,

$$\sqrt{\frac{1}{2}\big(\overline{\rho}(a)+\overline{\rho}(b)\big)}=0+\sqrt{\frac{1}{2}\big(\overline{\rho}(c)+\overline{\rho}(b)\big)}\ ;$$

可知 $\psi(a,b)\leqslant\psi(a,c)+\psi(c,b)$。

4）当 $b=c$，$a\neq b$，$a\neq c$ 时

因为 $b=c$，所以 $\psi(c,b)=0$；

因为 $a\neq b$，所以 $\psi(a,b)=\sqrt{\frac{1}{2}\big(\overline{\rho}(a)+\overline{\rho}(b)\big)}$；

因为 $a\neq c$，所以 $\psi(a,c)=\sqrt{\frac{1}{2}\big(\overline{\rho}(a)+\overline{\rho}(c)\big)}$；

因为 $b=c$，所以 $\sqrt{\frac{1}{2}\big(\overline{\rho}(a)+\overline{\rho}(b)\big)}=\sqrt{\frac{1}{2}\big(\overline{\rho}(a)+\overline{\rho}(c)\big)}$，

$$\sqrt{\frac{1}{2}\big(\overline{\rho}(a)+\overline{\rho}(b)\big)}=\sqrt{\frac{1}{2}\big(\overline{\rho}(a)+\overline{\rho}(c)\big)}+0\ ;$$

可知 $\psi(a,b)\leqslant\psi(a,c)+\psi(c,b)$。

5）当 $a\neq b$，$a\neq c$ 和 $b\neq c$ 时

因为 $a\neq b$，所以 $\psi(a,b)=\sqrt{\frac{1}{2}\big(\overline{\rho}(a)+\overline{\rho}(b)\big)}$；

因为 $a\neq c$，所以 $\psi(a,c)=\sqrt{\frac{1}{2}\big(\overline{\rho}(a)+\overline{\rho}(c)\big)}$；

因为 $b\neq c$，所以 $\psi(c,b)=\sqrt{\frac{1}{2}\big(\overline{\rho}(c)+\overline{\rho}(b)\big)}$；

因为 $\psi(a,b)^2=\frac{1}{2}\big(\overline{\rho}(a)+\overline{\rho}(b)\big)$，并且

$$\big(\psi(a,c)+\psi(c,b)\big)^2=\frac{1}{2}\big(\overline{\rho}(a)+\overline{\rho}(c)\big)+\frac{1}{2}\big(\overline{\rho}(c)+\overline{\rho}(b)\big)$$
$$+\frac{1}{2}\sqrt{\frac{1}{2}\big(\overline{\rho}(a)+\overline{\rho}(c)\big)}\times\sqrt{\frac{1}{2}\big(\overline{\rho}(c)+\overline{\rho}(b)\big)}$$

所以 $\psi(a,b)^2\leqslant\big(\psi(a,c)+\psi(c,b)\big)^2$；

可知 $\psi(a,b)\leqslant\psi(a,c)+\psi(c,b)$。

此部分改进已有工作 category distance 中的一般性距离度量框架，改进后的框架处理两个相等的分类属性取值时，计算其距离为 0，弥补了已有工作中一般性框架在这方面的不足。并且理论证明了改进后的框架满足距离定义的三个条件，包括非负性、对称性和三角不等式。任何符合本框架的距离度量方法都能够满足距离定义。

3. 分类属性数据距离度量 IDC

基于上述改进后的分类属性取值权重计算方法和一般性距离度量框架，提出针对分类属性数据的距离度量方法 IDC，计算方式如下：

$$\mathrm{IDC}(x_i, x_{i'}) = \sum_{j=1}^{m} \psi_{\mathrm{IDC}}\left(x_i^j, x_{i'}^j\right) \tag{6-16}$$

$$\psi_{\mathrm{IDC}}\left(x_i^j, x_{i'}^j\right) = \begin{cases} 0, & x_i^j = x_{i'}^j \\ \sqrt{1 + \dfrac{1}{2}\lambda_x\left(x_i^j\right)^{\frac{1}{\beta}} + \dfrac{1}{2}\lambda_x\left(x_{i'}^j\right)^{\frac{1}{\beta}}}, & x_i^j \neq x_{i'}^j \end{cases} \tag{6-17}$$

式中，$\mathrm{IDC}(x_i, x_{i'})$ 为分类属性数据对象 x_i 和 $x_{i'}$ 之间的距离，其等于 x_i 和 $x_{i'}$ 在所有属性上取值的距离和；$\psi_{\mathrm{IDC}}\left(x_i^j, x_{i'}^j\right)$ 为 x_i 和 $x_{i'}$ 在第 j 个属性上取值之间的距离；$\lambda_x\left(x_i^j\right)$ 和 $\lambda_x\left(x_{i'}^j\right)$ 分别为分类属性取值 x_i^j 和 $x_{i'}^j$ 在数据集 X 中的权重，可依据式（6-12）计算得到。此外，$\dfrac{1}{\beta}$ 用于控制权重的强度。

本小节基于已有工作中的 category distance，通过改进其在分类属性取值权重计算方式和距离度量框架上的不足，提出了分类属性数据距离度量方法 IDC，此方法具有如下优势。

（1）舍弃了传统方法认为不同分类属性取值互相独立的假设，能够挖掘不同分类属性取值之间的关系。

（2）借鉴信息论思想，基于分类属性取值在数据集中的出现概率计算其权重，可以独立于聚类等其他分析过程直接计算获得分类属性取值的权重。

（3）满足距离定义的三个条件——非负性、对称性和三角不等式，可以直接应用于现有的基于距离的聚类内部有效性评价指标评价框架中。

6.3.3　指标构建

基于上述已经通过理论分析明确的聚类内部有效性评价 S 指标的设计框架优势，以及 6.3.2 小节提出的分类属性数据距离度量方法 IDC，将 S 指标框架与 IDC 结合起来，提出针对分类属性数据的聚类内部有效性评价指标 CUBOS，计算方式如下：

$$\mathrm{CUBOS}(\pi) = \frac{1}{T}\sum_{t=1}^{T}\left(\frac{1}{|\pi_t|}\sum_{g=1}^{|\pi_t|}\frac{b\left(x_{\pi_t}^g\right) - a\left(x_{\pi_t}^g\right)}{\max\left(b\left(x_{\pi_t}^g\right), a\left(x_{\pi_t}^g\right)\right)}\right) \tag{6-18}$$

$$a\left(x_{\pi_t}^g\right) = \frac{1}{|\pi_t|-1} \sum_{\substack{h=1 \\ h \neq g}}^{|\pi_t|} \mathrm{IDC}\left(x_{\pi_t}^g, x_{\pi_t}^h\right) \tag{6-19}$$

$$b\left(x_{\pi_t}^g\right) = \min_{1 \leqslant t' \leqslant T, t' \neq t}\left(\frac{1}{|\pi_{t'}|} \sum_{h=1}^{|\pi_{t'}|} \mathrm{IDC}\left(x_{\pi_t}^g, x_{\pi_t}^h\right)\right) \tag{6-20}$$

式中，$x_{\pi_t}^g$ 为聚类结果 π 第 t 个类中的第 g 个数据对象；$a\left(x_{\pi_t}^g\right)$ 和 $b\left(x_{\pi_t}^g\right)$ 利用分类属性数据距离度量 IDC 分别衡量了数据对象 $x_{\pi_t}^g$ 在聚类结果中的类内紧密度和类间分离度；$\mathrm{CUBOS}(\pi)$ 为对聚类结果 π 的有效性评价，评价值越大，表示聚类效果越好。

　　利用本章所提分类属性数据聚类内部有效性评价指标 CUBOS 对聚类结果进行有效性评价的具体步骤如算法 6-1 所示。由算法 6-1 可知，采用本章提出的 CUBOS 指标评价分类属性数据的聚类结果时，基于本章提出的分类属性数据距离度量依次计算了每个数据对象的类内紧密度和类间分离度，实现了在评价过程中尽可能考虑聚类结果中全部细节分布信息，获得更加准确的聚类评价结果。下述将对本章所提 CUBOS 指标进行特征分析。

算法 6-1：基于 CUBOS 指标的分类属性数据聚类结果有效性评价过程

输入：分类属性数据集 $X = \{x_1, x_2, \cdots, x_i, \cdots, x_n\}(1 \leqslant i \leqslant n)$，其中每个数据对象 $x_i = \left[x_i^1, x_i^2, \cdots, x_i^j, \cdots, x_i^m\right]$ 由 m 个分类属性 $C = \{c_1, c_2, \cdots, c_j, \cdots, c_m\}(1 \leqslant j \leqslant m)$ 描述，属性 $c_j = \left\{c_j^1, c_j^2, \cdots, c_j^l, \cdots, c_j^{|c_j|}\right\}$ 包含 $|c_j|$ 个取值；

分类属性数据聚类结果 $\pi = \{\pi_1, \pi_2, \cdots, \pi_t, \cdots, \pi_T\}$。

输出：聚类有效性评价结果 $\mathrm{CUBOS}(\pi)$。

1. 计算分类属性数据集 X 中全部属性取值的权重 $\lambda_X\left(x_i^j\right)(1 \leqslant i \leqslant n, 1 \leqslant j \leqslant m)$；［式（6-12）］

2. For $\pi_t \in \pi$：

3. 　　For $x_{\pi_t}^g \in \pi_t$：

4. 　　　　计算分类属性数据 $x_{\pi_t}^g$ 的类内紧密度 $a\left(x_{\pi_t}^g\right)$；［式（6-19）］

5. 　　　　计算分类属性数据 $x_{\pi_t}^g$ 的类间分离度 $b\left(x_{\pi_t}^g\right)$；［式（6-20）］

6. 计算分类属性数据聚类结果 π 的有效性评价结果 $\mathrm{CUBOS}(\pi)$；［式（6-18）］

7. 输出 $\mathrm{CUBOS}(\pi)$。

6.3.4 特征分析

由算法 6-1 中基于 CUBOS 的分类属性数据聚类结果评价的具体步骤可知，CUBOS 指标相较已有相关评价指标具有明显优势。

传统分类属性数据聚类内部有效性评价指标存在的不足主要体现在以下几个方面。

（1）依赖分类属性取值的独立性假设，无法衡量不同属性取值间关系。

（2）仅度量聚类结果中类的整体分布效果，无法反映数据对象间的微观关系。

（3）未充分考虑聚类结果中数据对象的全部细节分布信息。

相比于上述不足，分类属性数据聚类内部有效性评价指标 CUBOS 具有如下优势。

（1）舍弃了分类属性取值的独立性假设，可以挖掘出不同分类属性取值之间的关系，为聚类结果评价时准确计算数据对象间的分布关系奠定基础。

（2）提出的分类属性数据距离度量 IDC 满足距离定义三个条件，可以更加细致精准地计算两两数据对象间的距离，而不是度量类的整体相似度或差异度，评价角度更加微观。

（3）基于 S 指标设计框架，能够在评价时纳入尽可能多的聚类结果中数据对象之间的细节分布信息，得到更加准确的聚类评价结果。

（4）应用范围广，评价过程仅利用了原始数据集和聚类划分结果，既适用于具有深度特征的分类属性数据深度聚类结果评价，也可应用于传统方法的聚类结果评价任务。

6.4 实 验 分 析

本节利用公开的分类属性数据集验证分类属性数据聚类内部有效性评价指标 CUBOS 的准确性。考虑到 CUBOS 具有广泛的应用范围，适用于所有分类属性数据聚类结果评价问题，其中包括本章研究的深度聚类结果评价任务，从以下三个方面开展实验验证：

（1）基于通用的经典聚类方法验证 CUBOS 聚类评价结果的准确性；

（2）将 CUBOS 指标应用于本章研究的深度聚类结果评价中，验证其在具有深度特征聚类结果评价中的适用性；

（3）CUBOS 指标中参数对聚类评价结果的影响。

下面将首先介绍实验数据集和实验设计，再分别进行上述三方面实验验证分析。

6.4.1 实验数据集及设计

1. 实验数据集

本节实验选用美国加利福尼亚大学欧文分校建立的 UCI Machine Learning Repository 中公开的 5 个常用分类属性数据集进行 CUBOS 验证实验。表 6-1 展示了实验数据集的基本信息，包括数据对象个数、分类属性个数及类别个数，可以看到，实验数据集具有明显不同的特征，基于其验证结果能够说明本章研究成果的有效性。其中，BC 和 CV 数据集中存在缺失值，本节实验将包含缺失值的数据对象从数据集中删除。

表 6-1 CUBOS 实验数据集

数据集名称	简称	数据对象个数	分类属性个数	类别个数
Breast Cancer	BC	286	9	2
Dermatology	DE	366	35	6
Molecular Biology	MB	106	57	2
Soybean_small	SB	47	35	4
Congressional Voting Records	CV	435	16	2

2. 实验设计

分类属性数据聚类内部有效性评价指标 CUBOS 验证实验分为以下三个部分。

（1）对分类属性数据聚类结果的评价准确性验证。采用表 6-1 中公开的分类属性数据集，利用被广泛使用的经典分类属性数据聚类方法 k-modes 对各个数据集进行聚类划分得到聚类结果，再使用 CUBOS 指标和已有工作中提出的评价指标评价聚类结果的有效性，最后通过聚类外部有效性评价指标验证聚类评价结果的准确性。

（2）在分类属性数据深度聚类结果评价中的适用性验证。本章研究成果 CUBOS 指标具有广泛的应用范围，适用于所有分类属性数据聚类方法的聚类结果评价任务，其中也包含本章研究的深度聚类问题，因此，在已验证 CUBOS 指标聚类评价结果准确性的基础上，本节实验将会特别验证 CUBOS 指标在具有深度特征的分类属性数据深度聚类结果评价中的适用性。

（3）参数敏感性分析。本章所提 CUBOS 指标的计算过程涉及分类属性取值权重的强度参数 β，本节将分析 β 对 CUBOS 指标聚类评价结果的影响。

这三个方面实验中涉及的具体对比方法和验证方法将在 6.4.2 小节、6.4.3 小节和 6.4.4 小节中详细介绍。

6.4.2　准确性分析

本小节针对分类属性数据聚类内部有效性评价指标 CUBOS 的聚类评价结果准确性进行验证分析。基于被广泛认可的分类属性数据聚类方法 k-modes 在实验数据集上的聚类结果，与已有研究中 5 个分类属性数据聚类内部有效性评价指标进行对比，验证本章所提 CUBOS 指标的聚类评价结果准确性。

下述将分别介绍本小节准确性验证实验中的对比指标、验证方法、参数设置和对比结果。

1. 对比指标

选取 5 个已有的分类属性数据聚类内部有效性评价指标进行对比，包括 cluster cardinality index（CCI）、categorical data clustering with subjective factors（CDCS）、information entropy（IE）、category utility（CU）和 new Condorcet criterion（NCC）。其中，采用 CDCS、CU 和 NCC 指标对聚类结果进行评价时，评价值越大，代表聚类效果越好；相反地，CCI 和 IE 指标评价值越小，表示聚类效果越好。

2. 验证方法

本节实验验证分类属性数据聚类内部有效性评价指标的聚类评价结果准确性的基本思路如图 6-10 所示，分为如下几步。

1）准备聚类结果

公开的分类属性数据集包含数据和真实类标签两部分，针对数据部分，利用经典的分类属性数据聚类算法 k-modes 对其进行聚类划分。k-modes 算法要求提前确定聚类个数这一参数，本节实验中给定不同聚类个数，并在每个聚类个数上都进行聚类，从而获得多个聚类结果。

2）利用指标评价聚类结果并从中选择最优结果

使用分类属性数据聚类内部有效性评价指标（简称为内部指标）对每个聚类结果进行评价，依据评价结果选择出内部指标认为最优的聚类结果。

3）衡量最优聚类结果类标签与数据集真实类标签的一致性

利用聚类外部有效性评价指标（简称为外部指标）衡量数据集真实类标签和由内部指标识别的最优聚类结果类标签的一致性。若一致性程度高，则认为内部指标能够准确评价聚类结果的有效性，从多个聚类结果中识别出最优结果；若一致性程度低，则认为内部指标对聚类结果的评价不够准确。

本节实验选用外部指标来衡量内部指标对聚类结果的评价效果。外部指标的本质是度量数据集真实类标签和聚类结果类标签的一致性，对于同一组类标签，不同的外部指标将会输出不同的一致性度量结果。因此，本节选择 7 个外部指标

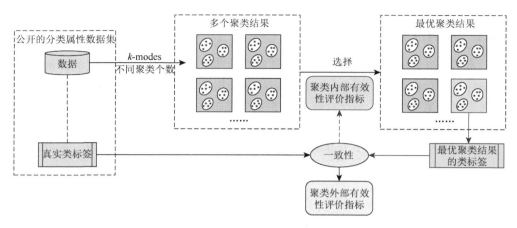

图6-10　分类属性数据聚类内部有效性评价指标的评价能力验证思路

进行实验，保证验证结果具有较强的说服力，包括 accuracy（A）[190]、adjusted Rand index（ARI）、f-measure（F）[191]、micro-p（M）[192]、normalized mutual information（NMI）、purity（P）[193]和 Rand index（RI）。其中，NMI 和 ARI 指标的计算方式已在式（5-9）和式（5-10）中介绍，此处不再赘述。其余 5 个外部指标的计算方式如下：

$$A = \frac{1}{n}\sum_{j=1}^{k_t} n_{jj} \qquad (6\text{-}21)$$

$$F = \sum_{i=1}^{k_c} \frac{n_i}{n} \times \max_{1 \leq j \leq k_t} \left(\frac{2 \times \dfrac{n_{ij}}{n_i} \times \dfrac{n_{ij}}{n_j}}{\dfrac{n_{ij}}{n_i} + \dfrac{n_{ij}}{n_j}} \right) \qquad (6\text{-}22)$$

$$M = \frac{\sum_{j=1}^{k_t} \max_{1 \leq i \leq k_c} n_{ij}}{n} \qquad (6\text{-}23)$$

$$P = \frac{1}{n}\sum_{i=1}^{k_c} \max_{1 \leq j \leq k_t} \left| \pi_i \bigcap \theta_j \right| \qquad (6\text{-}24)$$

$$\mathrm{RI} = \frac{a+b}{n(n-1)/2} \qquad (6\text{-}25)$$

式中，k_t 为数据集的真实类别数；k_c 为聚类结果中的类别数；属于 k_t 个实际类别 $\theta = \{\theta_1, \theta_2, \cdots, \theta_j, \cdots, \theta_{k_t}\}$ 的 n 个数据对象被聚类划分至 k_c 个类 $\pi = \{\pi_1, \pi_2, \cdots, \pi_i, \cdots, \pi_{k_c}\}$ 中；原本属于类 θ_j 中的数据对象被划分至类 π_i 中的数据对象个数为 n_{ij}；a 指原本属于不同类中的两个数据对象被聚到不同类中的数据对象对数；b 指原本

属于同一类中的两个数据对象被聚在同一类中的数据对象对数。本节实验采用的这 7 个外部指标的取值越大，表示真实类标签与聚类结果类标签的一致性越强，意味着内部指标对聚类结果的评价准确性越高。

3. 参数设置

实验中涉及的参数设置包括两类。一是 k-modes 聚类方法参数设置。验证实验选用 k-modes 算法对公开的分类属性数据集进行聚类，对不同数据集设置不同的聚类个数取值范围 $\{2, \cdots, \sqrt{n}\}$，n 为数据集中数据对象个数，且聚类个数只能取整数。二是本章提出的 CUBOS 指标参数设置。计算 CUBOS 指标评价值需确定分类属性取值权重在距离计算中的强度参数 β，本实验中设置 β 的取值范围为 $\{0.05, 0.15, \cdots, 0.95\}$。

4. 对比结果

7 个外部指标的验证结果依次展示在表 6-2～表 6-8 中。表中的小数表示外部指标对数据集实际类标签与内部指标识别出最优聚类结果类标签的一致性衡量结果，取值越大代表对应内部指标的聚类评价结果准确性越高，括号中的整数表示内部指标在当前数据集上聚类评价结果准确性的排名情况。后续依次对每个外部指标的验证结果进行分析。

表 6-2　CUBOS 聚类评价结果准确性验证实验中的 A 指标验证结果

数据集	内部指标					
	CUBOS	CCI	CDCS	IE	CU	NCC
BC	（1）0.787	（6）0.776	（1）0.787	（4）0.783	（1）0.787	（4）0.783
DE	（2）0.831	（4）0.768	（6）0.639	（1）0.915	（4）0.768	（3）0.795
MB	（1）0.877	（6）0.774	（1）0.877	（4）0.858	（1）0.877	（4）0.858
SB	（1）1	（5）0.787	（5）0.787	（1）1	（1）1	（1）1
CV	（3）0.879	（3）0.879	（2）0.940	（1）0.944	（3）0.879	（3）0.879

表 6-3　CUBOS 聚类评价结果准确性验证实验中的 ARI 指标验证结果

数据集	内部指标					
	CUBOS	CCI	CDCS	IE	CU	NCC
BC	（1）0.247	（1）0.247	（1）0.247	（6）0.041	（4）0.216	（5）0.105
DE	（1）0.694	（2）0.678	（6）0.438	（5）0.496	（2）0.678	（2）0.678
MB	（1）0.293	（1）0.293	（3）0.218	（5）0.119	（4）0.213	（5）0.119
SB	（1）1	（6）0.654	（5）0.710	（4）0.960	（1）1	（1）1
CV	（1）0.574	（1）0.574	（5）0.525	（6）0.204	（1）0.574	（1）0.574

表 6-4　CUBOS 聚类评价结果准确性验证实验中的 F 指标验证结果

数据集	内部指标					
	CUBOS	CCI	CDCS	IE	CU	NCC
BC	（1）0.755	（1）0.755	（1）0.755	（6）0.346	（4）0.741	（5）0.564
DE	（1）0.831	（3）0.797	（6）0.667	（5）0.688	（3）0.797	（2）0.800
MB	（1）0.772	（1）0.772	（3）0.632	（5）0.417	（4）0.627	（5）0.417
SB	（1）1	（5）0.820	（5）0.820	（4）0.979	（1）1	（1）1
CV	（1）0.879	（1）0.879	（5）0.830	（6）0.551	（1）0.879	（1）0.879

表 6-5　CUBOS 聚类评价结果准确性验证实验中的 M 指标验证结果

数据集	内部指标					
	CUBOS	CCI	CDCS	IE	CU	NCC
BC	（1）0.848	（1）0.848	（1）0.848	（6）0.242	（4）0.823	（5）0.495
DE	（1）1	（1）1	（1）1	（6）0.571	（1）1	（1）1
MB	（1）0.774	（1）0.774	（3）0.528	（5）0.274	（4）0.519	（5）0.274
SB	（1）1	（1）1	（1）1	（6）0.979	（1）1	（1）1
CV	（1）0.879	（1）0.879	（5）0.797	（6）0.392	（1）0.879	（1）0.879

表 6-6　CUBOS 聚类评价结果准确性验证实验中的 NMI 指标验证结果

数据集	内部指标					
	CUBOS	CCI	CDCS	IE	CU	NCC
BC	（1）0.144	（1）0.144	（1）0.144	（5）0.101	（4）0.133	（6）0.097
DE	（1）0.777	（1）0.777	（6）0.608	（5）0.672	（1）0.777	（1）0.777
MB	（1）0.326	（6）0.243	（1）0.326	（4）0.281	（1）0.326	（4）0.281
SB	（1）1	（5）0.849	（5）0.849	（4）0.963	（1）1	（1）1
CV	（1）0.510	（1）0.510	（5）0.505	（6）0.411	（1）0.510	（1）0.510

表 6-7　CUBOS 聚类评价结果准确性验证实验中的 P 指标验证结果

数据集	内部指标					
	CUBOS	CCI	CDCS	IE	CU	NCC
BC	（1）0.787	（6）0.776	（1）0.787	（4）0.783	（1）0.787	（4）0.783
DE	（2）0.831	（4）0.768	（6）0.639	（1）0.915	（4）0.768	（3）0.795
MB	（1）0.877	（6）0.774	（1）0.877	（4）0.858	（1）0.877	（4）0.858
SB	（1）1	（5）0.787	（5）0.787	（1）1	（1）1	（1）1
CV	（3）0.879	（3）0.879	（2）0.940	（1）0.944	（3）0.879	（3）0.879

表 6-8　CUBOS 聚类评价结果准确性验证实验中的 RI 指标验证结果

数据集	内部指标					
	CUBOS	CCI	CDCS	IE	CU	NCC
BC	（1）0.651	（1）0.651	（1）0.651	（6）0.454	（4）0.636	（5）0.519
DE	（1）0.890	（4）0.879	（6）0.766	（5）0.872	（1）0.890	（3）0.882
MB	（1）0.646	（1）0.646	（3）0.611	（5）0.563	（4）0.609	（5）0.563
SB	（1）1	（6）0.843	（5）0.880	（4）0.985	（1）1	（1）1
CV	（1）0.787	（1）0.787	（5）0.763	（6）0.602	（1）0.787	（1）0.787

1）A 指标验证结果分析

如表 6-2 所示，CUBOS、IE 和 CU 在三个数据集上获得了最优的分类属性数据聚类结果评价表现，CDCS 在两个数据集上聚类评价准确性最高，NCC 在一个数据集上评价效果最好，CCI 表现最差，在所有数据集上都没有获得最优评价效果。虽然 CUBOS、IE 和 CU 三个内部指标均出现了三次排名第一的表现，但是 CUBOS 指标在排名非第一数据集上的排名分别为第二和第三，优于 IE 和 CU 在排名非第一数据集上的表现。因此，CUBOS 在 A 指标验证结果中的表现优于其他对比指标。

2）ARI 指标验证结果分析

如表 6-3 所示，在 ARI 指标的验证结果中，CUBOS 在所有数据集上的聚类评价准确性表现都排名第一，显著优于其他对比指标。CCI 为表现次优的指标，IE 指标对聚类结果的评价准确性最差。

3）F 指标验证结果分析

如表 6-4 所示，F 指标验证结果与上述 ARI 指标相似，CUBOS 指标在所有数据集上都获得了最佳的聚类结果评价准确性，因此，在 F 指标的评价标准中，CUBOS 能够获得最准确的聚类评价结果。CCI 表现略差于 CUBOS，IE 为表现最差的内部指标。

4）M 指标验证结果分析

表 6-5 展示了 M 指标的验证结果。CUBOS 指标和 CCI 对比指标在所有数据集上的聚类评价表现都最优，表明基于 M 指标验证标准，CUBOS 和 CCI 的聚类结果评价准确性都明显优于其他内部指标。此外，IE 仍然是表现最差的指标，它在所有数据集中的最好排名仅为第五名。

5）NMI 指标验证结果分析

如表 6-6 所示，基于 NMI 指标的验证结果中，CUBOS 指标在五个数据集上的聚类结果评价准确性都排名第一。此外，CU 在四个数据集上表现排名第一，CCI 和 NCC 在三个数据集上表现最好，IE 的表现仍然是最差的，在所有数据集上都没有获得最优聚类评价准确性。表明在 NMI 的验证标准中，本章 CUBOS 指标的聚类评价结果准确性最高。

6）P 指标验证结果分析

表 6-7 展示了 P 指标的验证结果。CUBOS、IE 和 CU 指标都在三个数据集上获得了最佳聚类评价准确性，其中，CUBOS 指标在排名非第一的数据集上表现为第二和第三，而 IE 和 CU 在排名非第一的数据集上表现仅为第三和第四。因此，可以认为在 P 指标的验证标准中，本章提出的 CUBOS 指标的聚类结果评价准确性优于其他对比指标。此外，CCI 指标表现最差，其在所有数据集中的最优聚类评价准确性仅排名第三。

7）RI 指标验证结果分析

如表 6-8 所示，在 RI 指标的验证结果中，CUBOS 指标在五个数据集上都获得了最准确的聚类评价结果，而其他对比指标均无法在全部数据集上表现最优，表明 CUBOS 指标的评价准确性显著优于其他五个内部指标。此外，CCI 和 CU 为表现第二好的指标，其在三个数据集上获得最优表现。IE 表现最差，在所有数据集上的聚类结果评价准确性都较低，最高排名仅为第四名。

为更直观地比较不同分类属性数据聚类内部有效性评价指标的评价准确性，将本实验中 6 个内部指标的所有验证结果排名及其出现次数绘制在图 6-11 中。从图中可以看出，CUBOS 指标聚类评价准确性排名出现第一的次数明显多于其他对比指标，并且 CUBOS 的最差排名仅为第三名，且第二名和第三名出现次数远小于第一名出现次数。

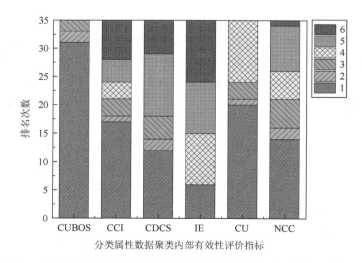

图 6-11　分类属性数据聚类内部有效性评价指标的聚类评价表现排名次数

因此，可以得出结论，相较于已有研究中的分类属性数据聚类内部有效性评价指标，本章提出的 CUBOS 指标能够更加准确地对分类属性数据聚类结果进行评价。

综上所述，本小节利用 7 种聚类外部有效性评价指标，比较本章所提分类属性数据聚类内部有效性评价指标 CUBOS 与已有研究中具有代表性的 5 种内部指标的聚类评价结果准确性。实验结果显示，本章 CUBOS 指标的聚类评价结果准确性显著高于已有内部指标，表明本章基于分类属性取值间关系提出分类属性数据距离度量，并借鉴 S 指标的设计框架优势将其与所提距离度量结合起来，构建分类属性数据聚类内部有效性评价指标的思路是可行有效的，能够充分挖掘分类属性数据聚类结果中尽可能多的细节分布信息，得到准确的聚类评价结果。

6.4.3　适用性分析

6.4.2 小节验证了本章所提 CUBOS 指标对分类属性数据聚类结果具有准确的评价能力，本小节将特别分析 CUBOS 指标在具有深度特征的分类属性数据深度聚类结果评价任务中的适用性。基于表 6-1 中的 BC 数据集，利用第 5 章分类属性数据深度聚类方法 NECAID 对其进行聚类划分，验证 CUBOS 指标在评价深度聚类结果中的适用性。

下面分别介绍本章所提 CUBOS 指标在深度聚类结果评价中的适用性分析设计和分析结果。

1. 适用性分析设计

首先，利用第 5 章分类属性数据深度聚类方法 NECAID 对 BC 数据集进行聚类，获得深度聚类结果。依据第 5 章实验效果，设置深度聚类 NECAID 方法的参数为：多头注意力机制参数 $K=8$，特征学习损失函数参数 $\varphi_1 = 0.3$，$\varphi_2 = 0.5$，聚类损失权重 $\lambda=0.4$，聚类个数 $T=\{2,3,4,5,6,7,8,9,10\}$，获得 9 组深度聚类结果。

其次，利用本章所提 CUBOS 指标对上述深度聚类结果的有效性进行评价。给定 CUBOS 指标中的强度参数取值范围为 $\beta = \{0.05, 0.15, \cdots, 0.95\}$，在每个 β 取值处都分别对每组深度聚类结果进行评价，评价结果如图 6-12 所示。显而易见，CUBOS 指标评价结果中，类别数等于 2 时的聚类效果最好，且不同的强度参数 β 对 CUBOS 指标的评价结果并未产生明显影响（此处涉及参数敏感性分析，将在6.4.4 小节中详细介绍）。

最后，利用聚类外部有效性评价指标衡量 CUBOS 评价结果的准确性，展示 CUBOS 指标能够适用于深度聚类结果的评价任务。基于 BC 数据集的真实类标签，利用 6.4.2 小节中介绍的 7 种聚类外部有效性评价指标，验证 CUBOS 指标对深度聚类结果的评价准确性，以证明 CUBOS 指标适用于具有深度特征的分类属性数据深度聚类评价问题。

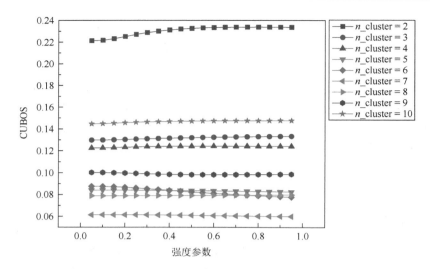

图 6-12　CUBOS 指标对 BC 数据集深度聚类有效性的评价结果（彩图扫封底二维码）

2. 适用性分析结果

基于外部指标对 CUBOS 指标聚类评价准确性的验证结果，从最优深度聚类结果识别能力和不同深度聚类结果间差异的识别能力两个角度，展示 CUBOS 指标在分类属性数据深度聚类结果评价中的适用性。

1）最优深度聚类结果识别能力

最优深度聚类结果识别能力指从多个分类属性数据深度聚类结果中能够准确识别出最优结果的能力。

表 6-9 展示了 CUBOS 指标及 7 种外部指标对每组深度聚类结果的有效性评价值。由表 6-9 可知，CUBOS 识别出聚类个数为 2 时的聚类结果最优，这与表 6-9 中大多数外部指标（ARI、F、M、NMI、RI）的评价结果一致，只有 A 和 P 两个外部指标在聚类个数为 8 的聚类结果处评价效果最好。表明在多数外部指标的验证标准中，CUBOS 指标具有准确的分类属性数据深度聚类结果评价能力。

表 6-9　CUBOS 指标对 BC 数据集深度聚类结果的评价效果

聚类个数	2	3	4	5	6	7	8	9	10
A	0.736	0.726	0.740	0.718	0.708	0.762	**0.776**	0.729	0.758
ARI	**0.183**	0.067	0.053	0.037	−0.007	0.029	0.043	0.007	0.040
F	**0.728**	0.596	0.517	0.457	0.408	0.414	0.379	0.276	0.341
M	**0.762**	0.516	0.397	0.365	0.318	0.310	0.249	0.177	0.231
NMI	**0.088**	0.050	0.059	0.049	0.021	0.080	0.084	0.031	0.076

续表

聚类个数	2	3	4	5	6	7	8	9	10
P	0.736	0.726	0.740	0.718	0.708	0.762	**0.776**	0.729	0.758
RI	**0.610**	0.515	0.488	0.480	0.452	0.460	0.463	0.438	0.460
CUBOS	**0.234**	0.133	0.124	0.084	0.088	0.061	0.080	0.100	0.148

因此，CUBOS 指标在分类属性数据深度聚类结果上具有优秀的评价能力，能够从多个深度聚类结果中准确识别出最优结果，适用于具有深度特征的分类属性数据深度聚类评价任务中。

2）不同深度聚类结果间差异的识别能力

不同深度聚类结果间差异的识别能力指能够准确识别出不同深度聚类结果之间有效性差异的能力。

本小节通过比较在不同深度聚类结果处、CUBOS 指标评价结果与外部指标评价结果的一致性程度，反映 CUBOS 指标对不同深度聚类结果间差异的识别能力。其基本思想在于外部指标基于数据集真实类标签，能够真实反映不同深度聚类结果有效性的差异，若 CUBOS 指标与外部指标在不同深度聚类结果上的评价保持一致，则可以认为 CUBOS 指标具有准确识别不同深度聚类结果间差异的能力。

图 6-13 展示了 CUBOS 指标和 7 种外部指标对 BC 数据集不同深度聚类结果的评价一致性比较。从图中可以看出，随着聚类个数的增大，CUBOS 指标评价结果出现了先下降再上升的趋势，而 ARI、F、M、NMI 和 RI 这 5 种外部指标也存

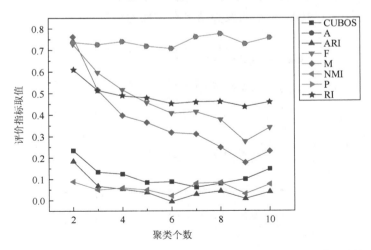

图 6-13　CUBOS 指标与外部指标对 BC 数据集深度聚类评价效果一致性比较

在着先下降后上升的变化趋势。CUBOS 指标和 5 种外部指标变化趋势的不同之处
在于，CUBOS 指标评价结果在聚类个数为 7 时达到最低点，F、M、RI 外部指标
在聚类个数为 9 时评价结果最差，ARI 和 NMI 外部指标在类别数等于 6 时达到最
低点。表明 CUBOS 指标虽然无法与外部指标的评价效果保持完全一致，但仍具
有相同的变化趋势，且不影响对最优深度聚类结果的识别能力。

因此，可以认为本章提出的 CUBOS 指标具有较好的不同深度聚类结果间差
异的识别能力，在准确识别最优深度聚类结果基础上，可以基本判断出其余深度
聚类结果间有效性的差异。

综上所述，本小节以表 6-1 中的 BC 数据集为基础，利用第 5 章分类属性数
据深度聚类方法 NECAID 对其进行聚类划分，验证了本章提出的 CUBOS 指标在
分类属性数据深度聚类结果评价任务中的适用性，不仅能够准确识别出最优深度
聚类结果，还可以判断出不同深度聚类结果间的有效性差异，可与第 4 章和第 5 章
研究成果组成一整套解决方案，有效处理决策支持过程中常面临的未标记分类属
性数据。

6.4.4 参数敏感性分析

本小节基于表 6-1 中的 BC 数据集对本章提出的分类属性数据聚类内部有效
性评价指标 CUBOS 进行参数敏感性分析。

图 6-14 绘制了 CUBOS 指标中分类属性取值权重强度参数 β 的变化对
CUBOS 指标聚类评价结果的影响，β 取值范围设置为 $\{0.05, 0.15, \cdots, 0.95\}$。由图
可知，随着 β 取值的增大，CUBOS 指标评价结果的变化较为平稳，并未发生明
显波动。并且，CUBOS 对不同聚类结果有效性的评价顺序并未随着 β 的变化发

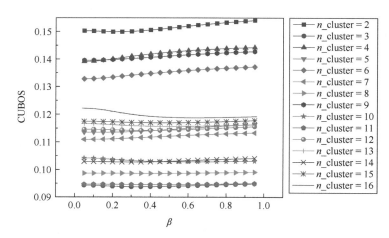

图 6-14 参数 β 取值的变化对 CUBOS 指标聚类评价结果的影响（彩图扫封底二维码）

生明显改变。例如，无论 β 取值为多少，CUBOS 对聚类个数为 2 的聚类结果评价都明显优于其他聚类结果。这表明 CUBOS 指标对参数不敏感，具有很强的鲁棒性，在实际决策支持过程中应用 CUBOS 指标进行聚类结果的有效性评价时无须花费大量时间用于参数确定。

6.5　本章小结

本章面向决策支持过程中的决策结果评价阶段，研究分类属性数据的聚类结果评价问题，提出了分类属性数据聚类内部有效性评价指标 CUBOS，具体研究成果如下。

（1）明确了已有研究中针对数值属性数据的聚类内部有效性评价指标 Silhouette 的设计框架优势。本章通过理论分析，论证了 Silhouette 指标具有在评价过程中尽可能多地考虑聚类结果中数据对象分布信息的优势，为构建针对分类属性数据的聚类内部有效性评价指标打好基础。

（2）借鉴信息论基本思想，提出了分类属性取值距离度量方法。利用信息论中出现概率越大的事件贡献信息越少的思想，构建分类属性取值权重计算方法，基于此，改进已有工作中的分类属性取值距离度量，弥补其无法直接获得距离计算结果的不足，并且提出的距离度量满足距离定义三个条件，可以直接应用于已有的基于距离的聚类内部有效性评价指标框架中。

（3）结合具有设计优势的 Silhouette 指标框架和本章提出的分类属性取值距离度量，构建了分类属性数据聚类内部有效性评价指标。此指标能够直接计算分类属性数据间距离，发现聚类结果中尽可能多的微观分布信息，弥补了已有相关研究存在的无法深入衡量聚类结果中全部分布情况的不足，得到更加准确的聚类评价结果。

（4）基于公开分类属性数据集的实验分析表明，本章所提指标对分类属性数据聚类结果评价的准确性明显高于已有相关研究中提出的指标，并且具有广泛的应用范围，不仅适用于具有深度特征的分类属性数据深度聚类结果评价任务，还可应用于所有类型分类属性数据聚类方法的聚类结果评价问题。

本章研究成果在支持管理决策过程中具有如下实际意义。

为决策支持过程中针对未标记分类属性数据的分析结果提供了更加准确的评价方法。本章研究成果尽可能全面准确地分析分类属性数据聚类结果中所有分布信息，能够得到更精确的评价结果，为针对分类属性数据决策分析结果的评价提供了更加有效的解决方案。

第7章 分类属性数据深度无监督学习的应用实例

第4~6章分别面向决策支持过程中的决策空间表征、决策分析过程和决策结果评价三个核心阶段，针对实际决策支持过程中常面临的未标记分类属性数据进行了特征学习、聚类分析和聚类结果评价研究，借鉴深度无监督特征学习、深度聚类和网络嵌入等相关理论的成功经验，提出了能够充分挖掘分类属性数据隐含信息的深度特征学习方法、深度聚类方法和聚类内部有效性评价指标，并通过公开数据集验证了所提方法和指标的有效性。

本章将第4~6章研究成果应用于人才招聘决策支持过程，通过实际案例展现本书研究成果在管理决策支持中的实际应用价值，为决策支持过程中处理具有未标记和分类属性特征的数据提供一整套解决方案。

7.1 人才招聘中的深度无监督学习需求

针对人才的研究是现代企业提升核心竞争力的重要手段，人才招聘（talent recruitment）也成为当前热门的研究方向[194]。在线招聘平台的快速发展，例如，国内的智联招聘、Boss 直聘和国外的 LinkedIn 等，为企业和求职者提供了便捷的信息发布和获取渠道。

现代企业面临着人才信息爆炸带来的人才数据处理困难问题。LinkedIn 平台在 2017 年拥有来自全球约 200 个国家和地区的 4.67 亿用户和 300 万条招聘信息。2016 年美国人力资源管理协会（Society of Human Resource Management，SHRM）的报告显示，企业识别出一个合格的应聘者平均需要花费 42 天和 4000 美元[195]。因此，亟须有效且高效的方法处理大量以及不断增多的人才数据，从中识别出能够匹配企业招聘需求的人才。

人才招聘系统中的数据通常是求职者登记的结构化数据，多具有分类属性特征，例如，性别、所在城市、学历、专业等，反映应聘者硬实力。系统会允许应聘者自由填写工作经历、实习经历、兴趣爱好等项目，这类数据反映应聘者软实力，一般具有文本形式。但面对海量应聘者时，企业通常基于学历、专业这些给定范围的分类属性数据对应聘者的硬实力进行初筛。因此，本章主要关注人才的硬实力数据，其具有明显的分类属性特征。

未标记是人才数据的另一个重要特征，即数据中并未标注该人才是否符合招聘需求。因此，采用无监督的方式从未标记的分类属性人才数据中挖掘出潜在有用的模式，是辅助支持人才招聘决策过程的重要手段。

图 7-1 展示了基于本书研究成果的人才招聘决策支持过程。基于具有分类属性特征的人才数据，以明确不同类型人才特点支持招聘决策为目标，按照决策支持过程中的决策空间表征、决策分析过程和决策结果评价三个阶段，对人才数据展开分析。

（1）决策空间表征阶段：利用第 4 章提出的分类属性数据深度特征学习方法NECAR 将人才数据从原始特征空间中映射到决策空间中，获得人才数据的决策空间表征，其中蕴含着原始人才数据中的潜在实际含义，以便传导至后续决策分析过程中。

（2）决策分析过程阶段：基于学习到的人才数据决策空间表征，利用第 5 章分类属性数据深度聚类方法 NECAID 进行人才细分，将其划分到不同类中，同一类中人才具有相似特点，不同类中人才特点的差异较大。

（3）决策结果评价阶段：利用第 6 章提出的分类属性数据聚类内部有效性评价指标 CUBOS 验证上述人才细分结果的有效性，保证基于正确科学的人才细分结果支持人才招聘决策过程。

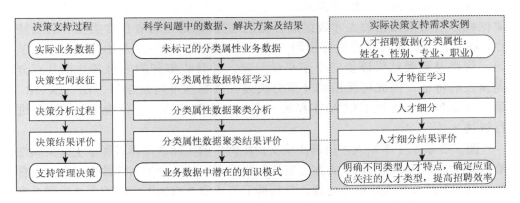

图 7-1　基于本书研究成果的人才招聘决策支持实例示意图

下面将首先介绍本章人才招聘决策支持实例的数据准备，再利用第 4~6 章针对分类属性数据深度无监督挖掘的三项研究成果，分别完成人才数据深度特征学习、人才细分及其有效性评价，最后基于最优人才细分结果分析其现实意义并总结管理建议，以支持人才招聘决策。

7.2　人才招聘数据准备

本节进行人才招聘决策支持实例的数据准备，首先明确数据来源和分析需求，接着介绍描述人才数据的属性含义及预处理方法，最后对人才数据的基本特征进行分析。

7.2.1　数据来源

本节实例的人才招聘数据来源于 Kaggle 机器学习和数据科学社区平台上 2020 年发布的一个人力资源分析项目（HR Analytics：Job Change of Data Scientists[196]）。Kaggle 是面向全世界数据研究者的数据建模和数据分析竞赛平台，成立于 2010 年，企业和个人都可以在平台上发布数据和数据分析任务，参赛者自由组队针对某一项目提出自己的解决方案，Kaggle 通过这种众包的方式激励参赛者不断提出更优的方案，推动数据科学成为一场运动，Kaggle 也逐渐成为重要的数据获取平台。

本节实例数据来源的项目背景是：某一数据科学领域企业希望雇佣一批数据科学家，其收集了众多应聘者的个人基本信息，为了降低企业招聘和培训成本，需要对所有候选人才进行细分（talent segmentation），总体把握应聘者分为哪些类，具有什么特点，从而确定企业应重点关注的应聘者类型，提高招聘效率。

这一项目中的人才细分需求本质上是一个聚类分析问题，利用无监督的聚类挖掘方法对未标记的人才数据进行类别划分，确定应聘者包含类型和各自特点，辅助支持企业管理者进行招聘决策。这一管理问题涉及人才的深度特征学习、聚类及聚类结果评价三个子科学问题，并且收集到的应聘者数据具有分类属性的特征，因此可采用第 4 章分类属性数据深度特征学习方法 NECAR、第 5 章深度聚类方法 NECAID 和第 6 章聚类内部有效性评价指标 CUBOS 进行解决。

图 7-2 展示了本章人才招聘决策支持实例中的实际管理需求和基于分类属性数据深度无监督挖掘的解决方案。首先利用本书阐述的分类属性数据深度无监督挖掘系列方法解决人才细分问题，包括基于第 4 章 NECAR 方法的人才数据深度特征学习（详见 7.3 节）、基于第 5 章 NECAID 方法的人才数据深度聚类（详见 7.4.1 小节）和基于第 6 章 CUBOS 指标的人才数据深度聚类结果的有效性评价（详见 7.4.2 小节）。接着，基于人才细分结果分析不同类型人才的特征（详见 7.5.1 小节）。最后，总结不同类型人才间的区别，并从数据研究者的角度提出管理建议，辅助支持企业进行人才招聘决策（详见 7.5.2 小节）。

7.2.2　数据属性及预处理

本节实例共收集了 2129 位人才的应聘数据，由 11 个属性描述，属性的类型、取值范围、缺失情况及实际意义总结在表 7-1 中。由表 7-1 可知，所有属性都为分类属性。其中"求职者 ID"取值个数为 2129，在此实例中每条人才数据上的取

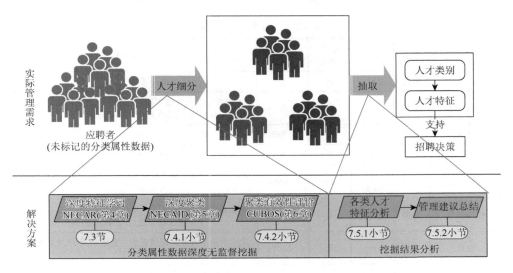

图 7-2　支持人才招聘决策的分类属性数据深度无监督挖掘方法

值都不同，是数据对象的唯一编码，不具备分析意义，因此不参与后续挖掘。"城
市发展水平"、"工龄"、"所在公司规模"和"距离上份工作时间"属于分类属性
中的序数属性，不同取值之间具有顺序关系。

　　本实例数据集的数据缺失情况总结在表 7-1 的第 4、5 列。"性别"、"所在公
司规模"和"所在公司类型"三个属性的缺失率较高，位于 20%～30%范围内；
"专业"属性缺失率小于 15%；"受教育方式"、"教育水平"、"工龄"和"距离上
份工作时间"三个属性的缺失率均小于 3%；"城市发展水平"和"相关工作经验"
属性未缺失。本实例中所有属性的缺失值都看作单独取值，填入"unknown"。

7.2.3　人才数据基本特征分析

　　本小节介绍人才招聘决策支持实例数据在全部属性上的取值分布情况，如图 7-3
所示。总体来看，各个属性上的取值分布具有明显的不平衡特征。例如，超过一半
的应聘者都来自城市发展水平大于 0.9 的发展程度较高的城市，性别为男性，具有
一定的相关工作经验，大学受教育方式为未注册，受教育水平为本科学历，所学专
业属于 STEM 类（科学、技术、工程和数学），目前所在公司类型为私人有限公司。
"工龄"、"所在公司规模"和"距离上份工作时间"三个属性的取值分布不平衡情
况较其他属性更轻微些，但也存在明显的不均衡问题。工龄大于 20 年的应聘者明
显多于其他工龄的应聘者，类似地，对于"距离上份工作时间"属性，大多数应
聘者在该属性上取值集中于 1 年。而"所在公司规模"属性缺失率较高，多数应
聘者未填写该信息，导致填补的"unknown"出现次数明显多于其他取值。

表 7-1　人才数据属性描述

属性名	类型	取值个数	是否缺失	缺失率	具体含义及取值范围
求职者 ID	分类	2129	否	0	求职者唯一编码
城市发展水平	分类	6	否	0	求职者当前所在城市的发展水平，取值范围：小于 0.5/0.6～0.7/0.7～0.8/0.8～0.9/大于 0.9
性别	分类	3	是	23.86%	求职者性别，取值范围：男/女/其他
相关工作经验	分类	2	否	0	求职者是否有相关工作经验，取值范围：有/无
受教育方式	分类	3	是	1.46%	求职者大学阶段的受教育方式，取值范围：全日制/非全日制/未注册
教育水平	分类	5	是	2.44%	求职者受教育最高水平，取值范围：小学/高中/本科/硕士研究生/博士研究生
专业	分类	6	是	14.65%	求职者所学专业，取值范围：艺术/商学/人文/STEM/其他/无
工龄	分类	22	是	0.23%	求职者参加工作时间，取值范围：小于 1 年/1～20 年/大于 20 年
所在公司规模	分类	8	是	29.22%	求职者目前所在公司规模，取值范围：小于 10/10～49/50～99/100～499/500～999/1000～4999/5000～9999/大于 10000
所在公司类型	分类	6	是	29.78%	求职者目前所在公司类型，取值范围：初创公司/已被资助创业公司/非政府组织/公共部门/私人有限公司/其他
距离上份工作时间	分类	6	是	1.88%	求职者当前工作和上一份工作之间间隔的时间，取值范围：1～4 年/大于 4 年/无

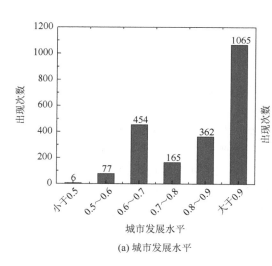

(a) 城市发展水平

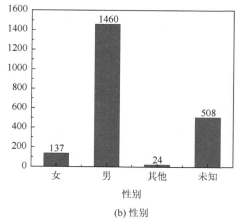

(b) 性别

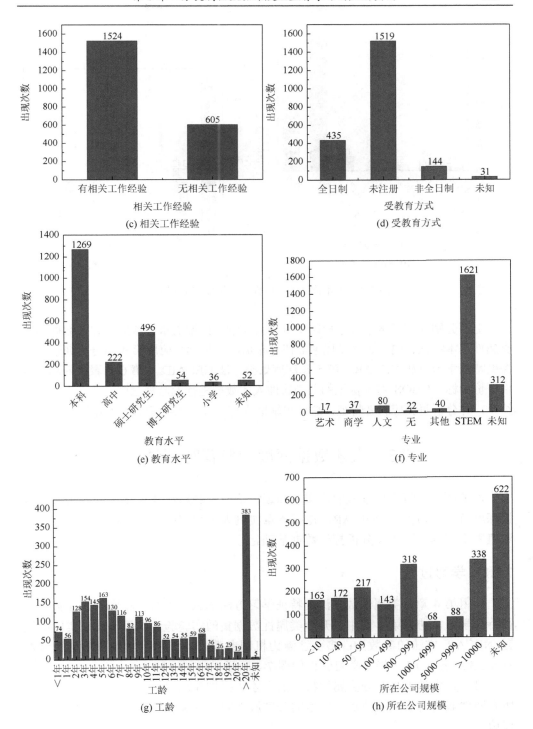

(c) 相关工作经验

(d) 受教育方式

(e) 教育水平

(f) 专业

(g) 工龄

(h) 所在公司规模

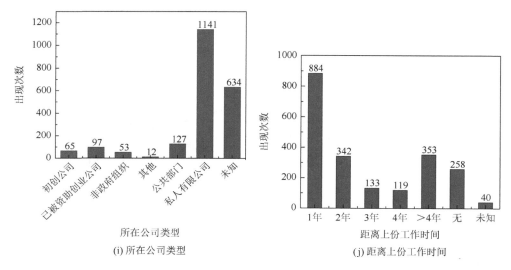

图 7-3　人才数据各个属性的属性取值分布情况

上面分别介绍了本章人才招聘实例的人才细分挖掘需求、数据来源、数据的分类属性基本特征、属性含义及属性取值分布情况，后续将应用第 4 章分类属性数据深度特征学习方法 NECAR、第 5 章深度聚类方法 NECAID 和第 6 章聚类内部有效性评价指标 CUBOS 对未标记的分类属性人才数据进行无监督挖掘，获得人才细分结果，并分析每类应聘者特征，总结出辅助支持人才招聘决策的管理建议。

7.3　人才数据深度无监督特征学习

本节面向决策支持过程的决策空间表征阶段，利用第 4 章提出的分类属性数据深度特征学习方法 NECAR，挖掘本章实例人才数据的深度特征，学习其深度数值表征，为后续决策分析打好数据基础。

7.3.1　学习过程

利用第 4 章分类属性数据深度特征学习方法 NECAR 对收集到的人才数据进行特征学习，结合第 4 章中公开分类属性数据集的实验验证结果，本节实例中设置 NECAR 方法的参数为：多头注意力机制参数 $K=8$，特征学习损失函数参数 $\varphi_1 = 0.3$，$\varphi_2 = 0.5$。特征学习流程如图 7-4 所示。

（1）首先基于具有分类属性特征的人才数据构建加权异构网络，人才数据的所有属性取值构成网络节点，取值的分类属性间关系和属性内关系构成网络的加权边。

（2）基于人才数据属性间关系学习属性取值节点的数值表征，学习过程考虑目标节点所有分类属性间关系邻居节点对其的影响。

（3）基于人才数据属性内关系学习属性取值节点的数值表征，学习过程考虑目标节点所有分类属性内关系邻居节点对其的影响。

（4）利用注意力机制分别计算分类属性间关系和分类属性内关系对目标节点最终深度数值表征的影响权重。

（5）融合分类属性间关系和分类属性内关系，计算得到目标节点对应人才数据属性取值的深度数值表征。

（6）计算损失函数值，并反向传播训练网络。

（7）获得人才数据中全部属性取值的深度数值表征。

（8）在原始特征空间中，依据人才数据和属性取值之间的对应关系，还原出人才数据的深度数值表征，完成人才招聘数据的深度特征学习。

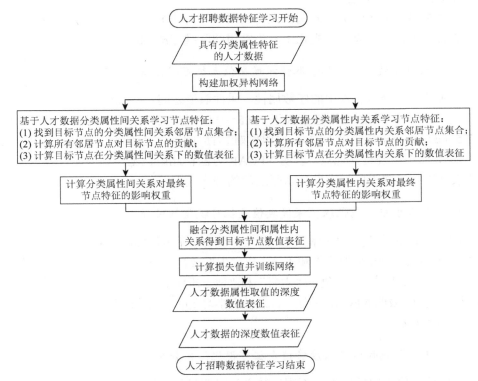

图 7-4　具有分类属性特征的人才数据深度特征学习流程图

本小节利用第 4 章研究方法学习人才数据的深度特征，获得其深度数值表征，每条人才数据由 1280 维的数值属性描述。

7.3.2 小节将结合人才数据属性取值的现实含义对学到的表征进行分析，利用可视化方法，验证第 4 章分类属性数据深度特征学习方法 NECAR 能够将原始分类属性人才数据中的现实含义成功嵌入深度数值表征中，支持后续人才招聘决策分析过程。

7.3.2　学习结果分析

本小节利用可视化方法展示第 4 章分类属性数据深度特征学习方法 NECAR 在支持人才招聘决策中的实际应用价值。

本节实例收集的真实人才数据集具有未标记特点，无法获知人才数据的真实类别分布，因此本小节将不通过人才数据深度数值表征的可视化分析特征学习结果，而是对人才数据属性取值的深度数值表征进行二维可视化，结合原始数据集中属性取值的实际含义，分析 NECAR 方法在支持人才招聘决策这一实例中的分类属性数据特征学习能力。

图 7-5 展示了 NECAR 方法在人才数据 6 个分类属性上学习到的属性取值深度数值表征可视化结果，可视化工具为常用的降维方法 t-SNE，具体分析如下。

1. "城市发展水平"属性取值深度数值表征可视化结果分析

此属性属于分类属性中的序数属性，属性取值之间具有顺序关系，如"0.5～0.6"与"0.6～0.7"的接近程度大于"0.5～0.6"与"0.7～0.8"的接近程度。如图 7-5（a）所示，彼此接近的两个属性取值对应的点总是可以直接相连（图中黑色连线），而不用绕过其他点。表明 NECAR 方法在此属性上学到的属性取值深度数值表征能够反映不同城市发展水平之间的顺序关系。

2. "教育水平"属性取值深度数值表征可视化结果分析

如图 7-5（b）所示，"小学"与"高中"教育水平更加接近，见左上方曲线包围区域；"本科"、"硕士研究生"和"博士研究生"教育水平接近，见右下方曲线包围区域，并且"硕士研究生"位于"本科"和"博士研究生"之间，这与实际教育水平情况是一致的，表明 NECAR 方法在此属性上学习到的深度数值表征包含了不同教育水平的实际含义。

3. "工龄"属性取值深度数值表征可视化结果分析

此属性也属于序数属性，不同工龄之间有明显的顺序关系。如图 7-5（c）所示，左上方曲线包围了大于等于 10 年的工龄，右下方曲线包围了小于 10 年的工龄，较大工龄和较小工龄对应的可视化点分别聚集在一起。表明 NECAR 方法能够学习到工龄的实际含义。

4. "公司规模"属性取值深度数值表征可视化结果分析

与"城市发展水平"类似，此属性的不同取值之间也存在顺序关系。如图7-5（d）所示，黑色连线能够直接连接彼此接近的两个公司规模取值，除了"小于10"这一取值，其他公司规模取值都与其最接近取值的位置相邻。表明 NECAR 方法基本能够挖掘出公司规模这一属性的实际意义。

5. "公司类型"属性取值深度数值表征可视化结果分析

如图7-5（e）所示，左下方曲线将"非政府组织"和"公共部门"包围起来，右方曲线将"初创公司"和"已被资助创业公司"包围起来，这与公司类型的实际含义相符。"非政府组织"和"公共部门"都属于非营利性组织，服务于社会公共事务，因此这两个公司类型对应点位置相邻。"初创公司"和"已被资助创业公司"都属于创业公司范畴，只是融资阶段不同，其对应点位置相邻也符合现实意义。表明 NECAR 方法可以挖掘出不同公司类型的实际含义。

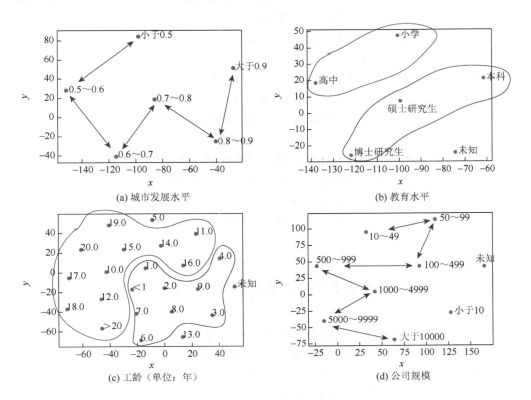

(a) 城市发展水平

(b) 教育水平

(c) 工龄（单位：年）

(d) 公司规模

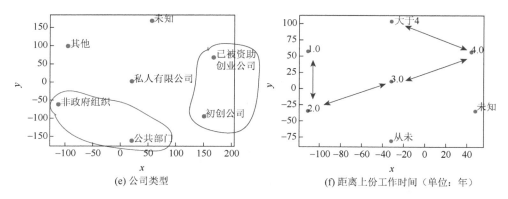

(e) 公司类型　　　　　　　　　(f) 距离上份工作时间（单位：年）

图 7-5　人才数据 6 个分类属性的属性取值深度数值表征可视化结果

6. "距离上份工作时间"属性取值深度数值表征可视化结果分析

此属性属于序数属性，不同取值之间具有顺序关系。如图 7-5（f）所示，除了"从未"和"未知"取值以外，黑色连线可以将彼此相邻两个"距离上份工作时间"取值直接连接，表明实际含义接近的两个属性取值对应点的位置分布也彼此靠近。说明 NECAR 方法学习到的"距离上份工作时间"属性取值特征包含了该属性取值潜在的实际含义。

特别地，本小节的人才数据属性取值深度数值表征可视化分析未在"性别"、"相关工作经验"、"受教育方式"和"专业"属性上进行，这是由于这四个属性的取值之间不存在明显的所属类别或顺序关系，因此无法基于其实际含义分析特征学习结果的准确性。

总而言之，本小节通过人才数据分类属性取值深度特征学习结果的可视化分析，展现了第 4 章分类属性数据深度特征学习方法 NECAR 在支持人才招聘决策中的实际应用价值，该方法能够准确地挖掘出分类属性人才数据中不同属性取值本身包含的实际含义，将其体现在学习到的深度数值表征中，为后续人才招聘决策分析任务奠定数据基础。

7.4　人才数据深度聚类及内部有效性评价

基于上述人才数据深度特征学习结果，本节首先利用第 5 章提出的分类属性数据深度聚类方法 NECAID 对人才数据进行聚类，将其细分到不同类别中。再通过第 6 章提出的分类属性数据聚类内部有效性评价指标 CUBOS，从不同参数对应的聚类结果中识别出最优人才细分结果，以便基于正确科学的分析结果支持人才招聘决策过程。

7.4.1　深度聚类过程

本小节利用第 5 章分类属性数据深度聚类方法 NECAID 对人才数据进行聚类。结合第 5 章基于公开分类属性数据集的实验结果，设置模型参数：多头注意力机制参数 $K = 8$ ，特征学习损失函数参数 $\varphi_1 = 0.3$ 、 $\varphi_2 = 0.5$ ，聚类损失权重 $\lambda = 0.4$ ，聚类个数 $T = \{3, 4, 5, 6, 7, 8, 9, 10\}$ 。每组参数上进行十次重复实验。深度聚类过程如图 7-6 所示。

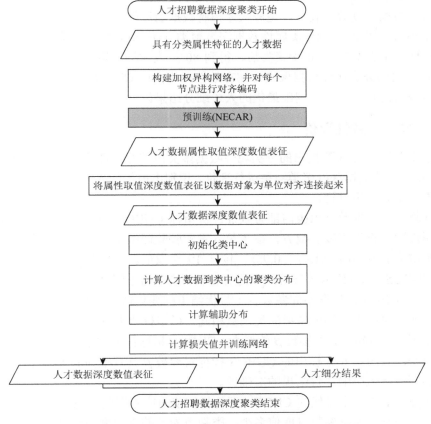

图 7-6　具有分类属性特征的人才数据深度聚类流程图

（1）首先基于具有分类属性特征的人才数据构建加权异构网络，与第 4 章特征学习方法 NECAR 中构建网络的不同之处在于，第 5 章深度聚类方法 NECAID 对网络中所有属性取值节点进行了对齐编码。

（2）接着利用第 4 章特征学习方法 NECAR 对网络进行预训练，获得全部节点对应的人才数据属性取值的深度数值表征。

（3）利用对齐编码进行属性取值到原始人才数据的对齐操作，还原出人才数据的深度数值表征。

（4）基于预训练获得的人才数据深度数值表征，利用 k-means 聚类算法对其进行聚类划分，计算聚类结果中每个类的类中心，作为初始类中心。

（5）计算每个数据对象到类中心的隶属概率，得到聚类分布。

（6）依据聚类分布，计算辅助分布。

（7）计算损失函数值，并反向传播训练网络，更新网络参数和类中心。

（8）训练完成后，基于聚类分布获得人才细分结果，并同时输出具有聚类导向的人才数据深度数值表征，完成人才招聘数据的深度聚类。

本小节利用第 5 章分类属性数据深度聚类方法 NECAID 对人才招聘数据在 8 组参数上各重复进行 10 次聚类后，得到 80 组人才细分聚类结果，后续将采用第 6 章提出的分类属性数据聚类内部有效性评价指标 CUBOS 分别对每组聚类结果的有效性进行评价，识别出最优的人才细分结果。

7.4.2 内部有效性评价

本小节采用第 6 章提出的分类属性数据聚类内部有效性评价指标 CUBOS 对上述 80 组人才数据深度聚类结果进行评价，识别出最优的人才细分结果，以支持后续人才招聘决策过程。

计算分类属性数据聚类内部有效性评价指标 CUBOS 的评价值需要提前确定分类属性取值权重强度参数 β，参考第 6 章实验验证结果，本小节实例给定 β 的取值范围为 $\{0.05, 0.1, 0.15, \cdots, 0.95\}$，包含 19 个取值。在参数 β 的每个取值上，利用 CUBOS 对 80 组人才细分结果进行评价，绘制出不同聚类个数对应的人才细分结果，CUBOS 指标在不同参数 β 上最优结果的变化情况，如图 7-7 所示，其中同一条连线对应人才细分结果的类别数相同，横坐标代表参数 β 的不同取值。

由图 7-7 可知，随着参数 β 的增大，CUBOS 指标评价结果波动较小，基本未发生改变，表明第 6 章提出的 CUBOS 指标对参数 β 具有很强的鲁棒性，不会因为 β 的不同取值影响评价结果的准确性。

此外，图 7-7 中最优的 CUBOS 评价指标值对应着聚类个数为 5 时的人才细分结果。并且，无论参数 β 取值多少，类别数为 5 的深度聚类结果都明显优于其他类别数对应的结果。因此，本节实例将基于聚类个数等于 5 时的人才细分结果，分析不同类中的人才特征，辅助支持人才招聘决策。

本节首先利用第 5 章分类属性数据深度聚类方法 NECAID 对人才数据进行细分，预先给定不同的聚类个数，得到多组人才细分结果，接着基于第 6 章提出的分类属性数据聚类内部有效性评价指标 CUBOS 依次评价每组深度聚类结果的有效性，识别出最优人才细分结果，为人才招聘决策过程提供了正确科学的分析结

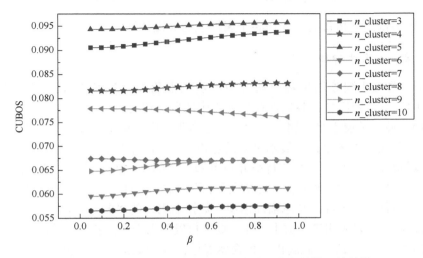

图 7-7　CUBOS 指标对人才数据深度聚类的有效性评价结果

果。后续将针对识别出的最优人才细分结果，分析不同类型人才特征，并总结管理建议，辅助支持人才招聘决策过程。

7.5　基于人才数据聚类结果的人才招聘决策支持

本节基于上述得到的 5 类人才细分结果，首先统计每类中各个属性取值出现次数，选择出现次数较多且具有较强辨别能力（与其他类区分的能力）的取值代表本类中人才在当前属性上的关键特征。最后比较 5 类人才在所有属性上的关键特征，总结人才细分结果的现实管理意义，辅助支持人才招聘决策。

7.5.1　不同类型人才的特征

本小节首先介绍人才细分结果中各类基本信息，接着依次分析每一类人才在各个属性上的取值表现，总结该类人才特征。

表 7-2 展示了人才细分结果中各类别包含的人才数量及其占总人才数的比重。由表 7-2 可知，第三类和第四类包含的人才数量最多，约各占总人才数的 1/3，接下来依次是第一类、第二类和第五类，其中，第五类人才数量最少，仅占总人才数的 5.97%。

表 7-2　最优人才细分结果中的各类基本信息

基本信息	第一类	第二类	第三类	第四类	第五类
人才数量	319	174	707	802	127
占总人才数比重	14.98%	8.17%	33.21%	37.67%	5.97%

下述将依次分析每类人才在各个属性上的关键特征。

1. 第一类人才特征分析

第一类人才细分结果各个属性中出现的取值及其次数被按照降序统计在表 7-3 中，下述依次分析各属性在当前类中的取值情况。

（1）"城市发展水平"属性：此属性在本类中出现最多的取值是"大于 0.9"，表明第一类人才大多来自发展水平高的城市。然而，由 7.2.3 小节中关于本实例数据集"城市发展水平"属性的特征介绍可知，全部人才中超过一半都来自发展水平大于 0.9 的城市。因此对于"城市发展水平"这一属性，"大于 0.9"取值出现次数最多并不具备代表性，考虑增加出现次数排名第二的"0.6～0.7"作为这一属性的关键特征。可以表明第一类中人才主要来自发展水平偏高和较中等的城市。

（2）"性别"属性：此属性取值在本类中出现次数最多的取值是"男"，这与本节实例数据集中男性应聘者比重超过 2/3 有关，出现次数排名第二的取值为"未知"，表明本类中有较多人才的性别属性取值缺失。特别地，本类中未出现女性，因此，选择"男"作为第一类人才的性别关键特征。

（3）"相关工作经验"属性：此属性在本类中的两个取值"有"和"无"出现次数较为均衡。由于"无"出现的次数更多，并且在本实例数据集中超过 70%的人才都具有相关工作经验，选择"无"作为第一类人才的相关工作经验关键特征。

（4）"受教育方式"属性：此属性在本类中出现次数最多的取值为"未注册"，接下来是"全日制"。全部人才数据中超过 70%的人才受教育方式为"未注册"，因此本类将"未注册"和"全日制"都作为人才受教育方式的关键特征。

（5）"教育水平"属性：本类在此属性上出现次数最多的取值为"高中"，因此选择"高中"作为第一类人才的教育水平关键特征。

（6）"专业"属性：此属性在本类中仅出现两个取值，"STEM"出现 35 次，"未知"出现 284 次。本节实例数据集中超过 75%的人才所学专业为"STEM"，而本类中多数人才专业属于缺失状态（"未知"为数据预处理时的缺失数据填补值），结合"教育水平"属性分析中"高中"为当前类人才的教育水平关键特征，而高中阶段尚未要求学生选择专业，因此选择"未知"作为第一类人才在"专业"属性上的关键特征。

（7）"工龄"属性：本类在此属性上出现次数最多的取值为"2"，因此确定第一类人才的工龄关键特征为 2 年。

（8）"所在公司规模"属性：此属性在本类中出现次数最多的取值为"未知"，考虑到本实例中大多数人才在这一属性上取值缺失，被填补为"未知"，因此选择出现次数排名第二的"100～499"作为第一类人才在"所在公司规模"属性上的关键特征。

（9）"所在公司类型"属性：此属性在本类中出现次数最多的两个取值依次是"未知"和"私人有限公司"，因此选择这两个取值作为第一类人才的所在公司类型关键特征。

（10）"距离上份工作时间"属性：本类在此属性上出现次数最多的取值为"1 年"和"从未"，因此选择这两个取值作为第一类人才在"距离上份工作时间"上的关键特征。

表 7-3　人才细分结果——第一类人才特征分析

城市发展水平		性别		相关工作经验		受教育方式		教育水平	
取值	次数	取值	次数	取值	次数	取值	次数	取值	次数
>0.9	177	**男**	209	**无**	187	未注册	180	**高中**	201
0.6~0.7	66	未知	104	有	132	全日制	109	未知	50
0.8~0.9	53	其他	6			非全日制	18	博士研究生	35
0.7~0.8	15					未知	12	小学	33
0.5~0.6	7								
<0.5	1								

专业		工龄		所在公司规模		所在公司类型		距离上份工作时间	
取值	次数	取值	次数	取值	次数	取值	次数	取值	次数
STEM	35	**2**	45	未知	174	未知	168	**1**	112
未知	284	**>20**	40	**100~499**	37	**私人有限公司**	126	从未	112
		3	33	<10	23	公共部门	16	>4	30
		4	31	50~99	23	非政府组织	9	2	28
		5	26	10~49	16			3	15
		6	24	500~999	15			未知	13

为便于观察，将表 7-3 中被选为关键特征的属性取值加粗表示。特别地，若某一属性取值在整个数据集中出现次数具有明显优势（如"专业"属性中，超过75%的人才数据的专业为"STEM"），则将在该取值处增加灰色阴影，便于进行人才特征分析时剔除这类取值对分析结果的影响。后续表 7-4、表 7-5、表 7-6 和表 7-7 也进行同样处理。

2. 第二类人才特征分析

表 7-4 展示了第二类人才细分结果中各个属性上出现的取值及其次数情况，并在每个属性上按照取值出现次数降序排列，下面依次分析各属性在当前类中的取值情况。

（1）"城市发展水平"属性：此属性在本类中出现次数最多的取值为"大于0.9"，由于本节实例中多数人才在这一属性上的取值都为"大于0.9"，增加出现次数排名第二的取值，将"大于0.9"和"0.6~0.7"作为第二类人才的城市发展水平关键特征。

（2）"性别"属性：本类在此属性上出现次数最多的取值为"男"，虽然实例数据中超过2/3的人才都为男性，会影响细分结果中各个类在此属性上的取值分布，但在本类中相比于其他取值，"男"出现的次数占有绝对优势，因此，选择"男"作为第二类人才的性别关键特征。

（3）"相关工作经验"属性：此属性在本类中出现次数最多的取值为"有"，且其出现次数显著多于"无"的次数，因此第二类人才的相关工作经验关键特征为"有"。

（4）"受教育方式"属性：本类在此属性上出现最多的取值为"未注册"，并且明显多于其他属性取值，因此第二类人才在"受教育方式"属性上的关键特征为"未注册"。

（5）"教育水平"属性：此属性在本类中出现最多的取值为"本科"，且其出现次数明显大于其他取值出现次数，因此选择"本科"为第二类人才的教育水平关键特征。

（6）"专业"属性：本类在"专业"属性上出现最多的取值为"STEM"，并且其出现次数远远多于其他取值，因此明确第二类人才的专业关键特征为"STEM"。

（7）"工龄"属性：此属性在本类中出现次数最多的取值为"大于20年"，并且出现次数超过排名第二取值的两倍，因此第二类人才的工龄关键特征为"大于20年"。

（8）"所在公司规模"属性：本类在此属性上出现次数最多的三个取值依次为"50~99"、"<10"和"10~49"，且出现次数较为接近，因此选择"50~99"、"<10"和"10~49"为第二类人才在"所在公司规模"属性上的关键特征。

表 7-4　人才细分结果——第二类人才特征分析

城市发展水平		性别		相关工作经验		受教育方式		教育水平	
取值	次数	取值	次数	取值	次数	取值	次数	取值	次数
>0.9	87	男	137	有	144	未注册	140	本科	112
0.6~0.7	42	未知	25	无	30	全日制	23	硕士研究生	38
0.8~0.9	26	女	10			非全日制	10	高中	15
0.7~0.8	13	其他	2			未知	1	博士研究生	5
0.5~0.6	6							小学	2
								未知	2

续表

专业		工龄		所在公司规模		所在公司类型		距离上份工作时间	
取值	次数	取值	次数	取值	次数	取值	次数	取值	次数
STEM	133	**>20**	31	**50～99**	54	已被资助创业公司	97	**1**	110
未知	20	6	15	**<10**	47	初创公司	65	2	28
人文	9	3	14	**10～49**	41	其他	12	>4	11
其他	5	5	12	100～499	25			3	10
艺术	4	4	11	500～999	3			4	6
无	2	9	11	5000～9999	2			从未	6

（9）"所在公司类型"属性：本类在此属性上仅出现了三个取值，且出现次数较多的两个取值"已被资助创业公司"和"初创公司"在本类中占比具有明显优势，因此第二类人才的所在公司类型关键特征为"已被资助创业公司"和"初创公司"。

（10）"距离上份工作时间"属性：此属性在本类中出现次数最多的取值为"1年"，并且明显多于其他取值出现的次数，因此选择"1年"作为第二类人才在"距离上份工作时间"属性上的关键特征。

3. 第三类人才特征分析

第三类人才细分结果中各个属性上出现的取值及其次数被按照降序统计在表 7-5 中，下面依次分析各属性在当前类中的取值情况。

（1）"城市发展水平"属性：此属性在本类中出现次数最多的取值为"0.6～0.7"，表明第三类中多数人才来自发展水平较中等的城市，因此选择第三类人才在"城市发展水平"属性上的关键特征为"0.6～0.7"。

（2）"性别"属性：本类在此属性上出现次数最多的取值为"男"，其占比情况明显优于其他取值，并且未出现"女"这一取值，因此第三类人才的性别关键特征为"男"。

（3）"相关工作经验"属性：此属性在本类中出现次数占比具有明显优势的取值为"有"，因此选择"有"作为第三类人才的相关工作经验关键特征。

（4）"受教育方式"属性：本类在这一属性上出现最多的取值为"未注册"，并且其出现次数远大于其他取值，因此可以确定第三类人才的受教育方式关键特征为"未注册"。

（5）"教育水平"属性：此属性在本类中仅出现了"本科"、"硕士研究生"和"博士研究生"三个取值，虽然"本科"的出现次数显著多于其他取值，但是考虑到"本科"在本节实例全部人才数据中占比原本就较高，并且具有更高水平学历的人才数量更少是符合现实情况的，因此选择"本科"、"硕士研究生"和"博士研究生"作为第三类人才在"教育水平"属性上的关键特征。

（6）"专业"属性：本类在这一属性上出现次数最多的取值为"STEM"，且其出现次数远大于其他取值，故第三类人才的专业关键特征为"STEM"。

（7）"工龄"属性：此属性在本类中出现次数最多的取值为"5年"，且该取值在本实例全部人才数据中出现次数并不多，因此选择"5年"作为第三类人才的工龄关键特征。

（8）"所在公司规模"属性：本类在此属性上出现最多的取值为"未知"，表明本类人才数据在这一属性上存在较严重的缺失情况。出现次数排名第二和第三的取值为"50～99"和"100～499"，这两个取值的次数接近，且明显大于其他取值，因此选择"50～99"和"100～499"作为第三类人才在"所在公司规模"属性上的关键特征。

（9）"所在公司类型"属性：此属性在本类中出现最多的取值为"私人有限公司"，其次数远大于其他取值，因此第三类人才的所在公司类型关键特征为"私人有限公司"。

（10）"距离上份工作时间"属性：本类在这一属性上出现次数最多的取值为"1年"，虽然这一取值在全部人才数据中出现次数超过40%，但其在本类中出现次数明显多于其他取值，因此仍选择"1年"作为第三类人才在"距离上份工作时间"属性上的关键特征。

表 7-5　人才细分结果——第三类人才特征分析

城市发展水平		性别		相关工作经验		受教育方式		教育水平	
取值	次数	取值	次数	取值	次数	取值	次数	取值	次数
0.6～0.7	314	**男**	498	**有**	519	**未注册**	467	**本科**	480
0.8～0.9	269	未知	206	无	188	全日制	166	硕士研究生	226
0.7～0.8	124	其他	3			非全日制	63	博士研究生	1
						未知	11		

专业		工龄		所在公司规模		所在公司类型		距离上份工作时间	
取值	次数	取值	次数	取值	次数	取值	次数	取值	次数
STEM	653	**5**	68	**未知**	211	**私人有限公司**	434	**1**	307
其他	18	4	55	**50～99**	116	未知	228	2	134
商学	13	**>20**	55	**100～499**	115	公共部门	31	从未	83
无	11	3	52	大于10000	74	非政府组织	14	>4	83
人文	10	2	50	10～49	55			4	46
艺术	2	6	45	1000～4999	45			3	39

4. 第四类人才特征分析

表 7-6 展示了第四类人才细分结果中各个属性上出现的取值及其次数情况，并在每个属性上按照出现次数降序排列，下面依次分析各属性在当前类中的取值情况。

（1）"城市发展水平"属性：本类在此属性中出现最多的取值为"大于 0.9"，且其出现次数超过出现次数排名第二的取值 11 倍，因此确定第四类人才在"城市发展水平"属性上的关键特征为"大于 0.9"。

（2）"性别"属性：此属性在本类中出现最多的取值为"男"，出现次数明显多于其他取值，且在本类中未出现"女"，因此选择"男"作为第四类人才的性别关键特征。

（3）"相关工作经验"属性：本类在这一属性上出现最多的取值为"有"，其出现次数接近另一个取值出现次数的 4 倍，故确定第四类人才的相关工作经验关键特征为"有"。

（4）"受教育方式"属性：此属性在本类中出现最多的取值为"未注册"，虽然其在本实例所有人才数据中出现次数具有明显优势，对本类在这一属性上的取值分布造成影响，但由于"未注册"在本类中出现次数远大于其他取值，因此选择"未注册"作为第四类人才的受教育方式关键特征。

（5）"教育水平"属性：本类在这一属性上仅出现了三个取值，包括"本科"、"硕士研究生"和"博士研究生"，显然"本科"出现次数大于其余两个取值，但考虑到高水平学历人才数量少的现实情况与本类在此属性上的取值分布是一致的，选择"本科"、"硕士研究生"和"博士研究生"为第四类人才的教育水平关键特征。

（6）"专业"属性：此属性在本类中出现最多的取值为"STEM"，其出现次数超过排名第二取值的 14 倍，因此认为第四类人才的专业关键特征为"STEM"。

表 7-6　人才细分结果——第四类人才特征分析

城市发展水平		性别		相关工作经验		受教育方式		教育水平	
取值	次数	取值	次数	取值	次数	取值	次数	取值	次数
>0.9	734	男	616	有	639	未注册	643	本科	586
0.5～0.6	63	未知	173	无	163	全日制	107	硕士研究生	209
<0.5	5	其他	13			非全日制	46	博士研究生	7
						未知	6		

专业		工龄		所在公司规模		所在公司类型		距离上份工作时间	
取值	次数	取值	次数	取值	次数	取值	次数	取值	次数
STEM	702	**>20**	244	未知	199	**私人有限公司**	509	**1**	290
人文	50	5	44	**50~99**	123	未知	199	**>4**	215
商学	23	7	43	**100~499**	123	公共部门	71	2	130
其他	11	9	42	大于10000	110	非政府组织	23	3	63
无	9	3	39	1000~4999	78			4	54
艺术	7	6	38	10~49	55			从未	41

（7）"工龄"属性：本类在这一属性上出现最多的取值为"大于20年"，且其出现次数明显多于其余取值，因此选择"大于20年"作为第四类人才在"工龄"属性上的关键特征。

（8）"所在公司规模"属性：此属性在本类中出现最多的取值为"未知"，表明本类中较多人才数据的所在公司规模缺失。出现次数略低于"未知"的取值为"50~99"和"100~499"，因此选择"50~99"和"100~499"为第四类人才的所在公司规模关键特征。

（9）"所在公司类型"属性：本类在此属性上出现最多的取值为"私人有限公司"，其出现次数明显多于其余取值，因此确定第四类人才在"所在公司类型"属性上的关键特征为"私人有限公司"。

（10）"距离上份工作时间"属性：这一属性在本类中出现次数排名前两位的取值分别为"1年"和"大于4年"，这两个取值的出现次数都超过200次，较为接近，且明显大于其他取值，因此选择"1年"和"大于4年"作为第四类人才的距离上份工作时间关键特征。

5. 第五类人才特征分析

第五类人才细分结果中各个属性上出现的取值及其次数被按照降序统计在表7-7中，下面依次分析各属性在当前类中的取值情况。

（1）"城市发展水平"属性：本类在此属性上出现最多的取值为"大于0.9"，由于在本实例数据中超过一半的人才在此属性上取值都为"大于0.9"，"大于0.9"对于本类的代表性不强，考虑增加出现次数排名第二的取值，选择"大于0.9"和"0.6~0.7"作为第五类人才在"城市发展水平"属性上的关键特征。

（2）"性别"属性：这一属性在本类中仅出现一个取值，即"女"，因此确定第五类人才的性别关键特征为"女"。

（3）"相关工作经验"属性：本类在此属性上出现最多的取值为"有"，其出现次数接近另一个取值"无"出现次数的 3 倍，故选择"有"作为第五类人才在"相关工作经验"属性上的关键特征。

（4）"受教育方式"属性：此属性在本类中出现次数最多的取值为"未注册"，由于"未注册"在所有人才数据中出现次数也较多，意味着即使在本类中取值较多也不具备代表性，因此增加排名第二的取值，确定"未注册"和"全日制"作为第五类人才的受教育方式关键特征。

（5）"教育水平"属性：本类在这一属性上出现最多的取值为"本科"，由于其在本实例所有人才数据中出现多次，代表性不强，故考虑增加出现次数排名第二的取值，选择"本科"和"硕士研究生"作为第五类人才的教育水平关键特征。

（6）"专业"属性：此属性在本类中出现最多的取值为"STEM"，同前四类相似，其出现次数相比于其余取值具有明显优势，因此认为第五类人才在"专业"属性上的关键特征为"STEM"。

（7）"工龄"属性：本类在此属性上出现最多的取值为"3 年"和"4 年"，且这两个取值在本实例所有人才数据中出现次数并不多，因此具有较好的代表性，故选择"3 年"和"4 年"作为第五类人才的工龄关键特征。

（8）"所在公司规模"属性：此属性在本类中出现最多的取值为"未知"，表明第五类中较多人才数据在这一属性上的取值缺失，出现次数略小于"未知"的取值为"50～99"，因此选择"50～99"作为第五类人才在"所在公司规模"属性上的关键特征。

（9）"所在公司类型"属性：本类在这一属性上出现最多的取值为"私人有限公司"，虽然这一取值在本实例所有人才数据中出现次数较多，代表性较差，但由于本类在此属性上出现次数排名第二的取值为"未知"，意味着取值缺失，因此仍以"私人有限公司"作为第五类人才的所在公司类型关键特征。

（10）"距离上份工作时间"属性：此属性在本类中出现最多的取值为"1 年"，且其出现次数明显大于其余取值，因此认为第五类人才在"距离上份工作时间"属性上的关键特征为"1 年"。

表 7-7　人才细分结果——第五类人才特征分析

城市发展水平		性别		相关工作经验		受教育方式		教育水平	
取值	次数	取值	次数	取值	次数	取值	次数	取值	次数
>0.9	67	女	127	有	90	未注册	89	本科	91
0.6～0.7	32			无	37	全日制	30	硕士研究生	23
0.8～0.9	14					非全日制	7	博士研究生	6

续表

城市发展水平		性别		相关工作经验		受教育方式		教育水平	
取值	次数	取值	次数	取值	次数	取值	次数	取值	次数
0.7～0.8	13					未知	1	高中	6
0.5～0.6	1							小学	1

专业		工龄		所在公司规模		所在公司类型		距离上份工作时间	
取值	次数	取值	次数	取值	次数	取值	次数	取值	次数
STEM	98	**3**	16	未知	38	**私人有限公司**	72	**1**	65
人文	11	**4**	16	**50～99**	22	未知	39	2	22
未知	8	5	13	100～499	18	公共部门	9	从未	16
其他	6	**>20**	13	大于10000	18	非政府组织	7	>4	14
艺术	4	10	9	1000～4999	10			3	6
		6	8	500～999	9			4	4

综上，本小节基于第 6 章所提 CUBOS 指标识别出的最优人才细分结果，讨论了每类人才在各个属性上的关键特征，为后续总结不同类型人才特点及其区别并支持人才招聘决策过程奠定了基础。

7.5.2　支持人才招聘的决策建议

本小节基于上述各类人才特征分析结果，首先明确不同类型人才之间的区别，再从数据研究者的角度总结相关人才管理建议，以辅助支持人才招聘决策过程。

1. 五类人才特征总结

将 7.5.1 小节人才细分结果中各类人才在不同属性上的关键特征总结在表 7-8 中。由表 7-8 可知，"受教育方式"和"专业"两个属性在不同类中的关键特征差异不大，表明这两个属性上的主要取值在本实例人才数据中具有普适性，绝大多数人才的受教育方式为"未注册"，专业为"STEM"，这与 7.2.3 小节中对本实例人才数据的基本特征分析结果一致。这两个属性无法有效区分不同类型人才的特征，因此后续分析将主要基于剩余 8 个属性展开。

综合对比表 7-8 中五类人才的不同属性关键特征，可以总结出各类人才的显著特点。

（1）第一类人才特征：此类人才主要为来自中高发展水平城市的男性，接受教育水平较低仅为高中学历，缺少数据科学相关工作经验，已有工龄也较短，大多只在中等规模的私人有限公司工作过 2 年，距离上份工作时间间隔为 1 年或从未换过工作，工作稳定性处于极端状态，或者经常换工作，或者只做过一份工作。

（2）第二类人才特征：此类人才同第一类一样，主要是来自中高发展水平城市的男性，但接受教育水平略高于第一类人才，大多数为本科学历，具备数据科学工作经验，并且工龄较长，超过 20 年，但此类人才多数在创业初期规模较小的公司工作，而且工作稳定性较差，距离上份工作时间仅有 1 年。

（3）第三类人才特征：此类人才主要为来自中等发展水平城市的男性，接受教育水平较高，多数具有本科学历，部分人才具有硕士研究生或博士研究生学历，具有数据科学相关工作经验，工龄不高，多数工龄为 5 年，但仅在小型或中等规模的私人有限公司工作过，且工作稳定性较差，上一次更换工作时间为 1 年前。

（4）第四类人才特征：此类人才主要为来自较高发展水平城市的男性，接受教育水平也较高，具有本科、硕士研究生或博士研究生学历，有过数据科学工作经验，虽然多数只在规模较小或中等的私人有限公司工作，但工龄较长，超过 20 年，并且具有一定的工作稳定性，部分此类人才距离上份工作时间间隔超过 4 年。

（5）第五类人才特征：此类人才显著不同于前四类人才，主要为来自中高发展水平城市的女性，具有较高的教育水平，多数具有本科或硕士研究生学历，并且具有数据科学相关工作经验，多数工龄为 3～4 年，但仅在规模较小的私人有限公司工作，并且工作稳定性较差，距离上份工作时间间隔只有 1 年。

表 7-8　人才细分结果中各类别属性关键特征对比

属性	第一类	第二类	第三类	第四类	第五类
城市发展水平	>0.9，0.6～0.7	>0.9，0.6～0.7	0.6～0.7	>0.9	>0.9，0.6～0.7
性别	男	男	男	男	女
相关工作经验	无	有	有	有	有
受教育方式	未注册全日制	未注册	未注册	未注册	未注册全日制
教育水平	高中	本科	本科，硕士研究生，博士研究生	本科，硕士研究生，博士研究生	本科，硕士研究生
专业	未知	STEM	STEM	STEM	STEM
工龄	2	>20	5	>20	3，4
所在公司规模	100～499	50～99，<10，10～49	50～99，100～499	50～99，100～499	50～99
所在公司类型	未知，私人有限公司	已被资助创业公司，初创公司	私人有限公司	私人有限公司	私人有限公司
距离上份工作时间	1，从未	1	1	1，>4	1

2. 人才招聘决策建议

基于上述总结的五类人才特征，从数据研究者的角度提出人才管理相关建议，辅助支持企业人才招聘决策。为便于观察，将四点决策建议绘制在图 7-8 中，具体决策建议如下。

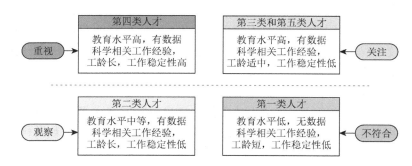

图 7-8　人才招聘决策建议示意图

（1）重视第四类人才求职需求，可适当提高薪酬待遇，提供多重晋升通道，吸引并留住此类人才。

第四类人才接受教育水平高，具有本科及以上学历，并且在数据科学相关领域有过较长的工作经验。更为重要的是，此类人才具有较高的工作稳定性。因此，建议企业重视此类人才求职需求，提供丰厚的薪酬待遇和多重晋升通道，尽可能吸引并留住这类人才。

（2）关注第三类和第五类人才，提供合理薪酬待遇和晋升通道，吸引并培养此类人才。

这两类人才具有较高的受教育水平，多数具有本科及以上学历，并且有过数据科学相关领域工作经验，但是此类人才工作稳定性较低，可能无法长期稳定地为企业服务，区别在于第三类人才绝大多数为男性，第五类人才仅包括女性。建议企业关注这两类人才求职需求，提供合理的薪酬和福利，首先吸收人才进入企业工作，再逐步培养建立人才对企业的满意度和忠诚度，提高工作稳定性。

（3）观察第二类人才未来成长状态，纳入企业人才库，以备后续人才招聘需求。

第二类人才虽然具有较长的数据科学相关工作经验，但接受教育水平一般，最高只有本科学历，并且工作稳定性差。建议企业先将此类人才纳入企业人才库，观察人才未来成长状态，若后续有符合这类人才的招聘需求，或人才自身成长到符合企业要求的水平，可以再向其发出招聘邀请。

（4）第一类人才不符合当前岗位招聘需求，不予考虑。

第一类人才接受教育水平低，多数只有高中学历，并且缺少数据科学相关工作经验，工龄短，工作稳定性差。为提高招聘效率，节省招聘成本，建议企业不予考虑此类人才的求职申请。

7.6　本　章　小　结

本章利用本书提出的分类属性数据深度无监督挖掘系列方法，支持人才招聘管理决策过程，验证本书研究成果的实际应用价值。三项研究成果在人才招聘决策支持中的应用表现如下。

（1）利用第 4 章分类属性数据深度特征学习方法，成功将人才数据从原始特征空间映射到决策空间中，获得人才数据的决策空间表征，并且该表征蕴含了人才数据的现实含义。

（2）基于第 5 章分类属性数据深度聚类方法对决策空间中的人才数据进行细分，给定不同类别数进行多次实验，得到多组人才细分结果。利用第 6 章构建的分类属性数据聚类内部有效性评价指标，依次评价每组结果有效性，成功识别出最优人才细分结果。

（3）依据最优人才细分结果分析各类别人才特征，不同类型人才特征之间存在明显差异，表明本书提出的分类属性数据深度无监督挖掘系列方法能够成功挖掘人才数据中的潜在模式，可以作为一整套解决方案处理实际应用中存在的未标记分类属性数据，辅助支持管理决策过程。

基于本书研究成果处理具有分类属性特征的人才数据，得到了支持人才招聘决策的建议，总结如下。

（1）本实例人才可分为五种类型，不同类型人才特征具有显著差异，主要表现在性别、受教育水平、相关工作经验、工龄和工作稳定性五个方面。

（2）准确识别出匹配企业招聘需求且自身素质优秀的人才类型，具有受教育水平高、具有数据科学相关工作经验、工龄长及工作稳定性高的特点，建议企业重视此类人才需求，提供丰厚薪酬待遇，吸引人才到企业工作。

（3）发现匹配企业招聘需求的人才，此类人才与上一类人才在基本技能方面表现类似，但工作稳定性较差，建议企业持续关注此类人才，提供合理薪酬待遇，逐渐培养其对企业的忠诚度。

（4）识别出不满足招聘需求的人才类型，不足之处主要表现为受教育水平较低和工作稳定性差两方面，建议企业将具有成长潜力的部分人才纳入人才库，以备后续招聘需求。对于发展潜力较差的部分人才，建议企业不予考虑，以节省招聘成本，提高招聘效率。

参 考 文 献

[1] Tan P N，Steinbach M，Karpatne A，et al. Introduction to Data Mining [M]. 2nd ed. New York: Pearson Education，2019.

[2] Han J W, Kamber M, Pei J. Data Mining Concepts and Techniques[M]. 3rd ed. San Francisco: Morgan Kaufmann, 2012.

[3] Simon H. 现代决策理论的基石[M]. 杨砺, 徐立, 译. 北京: 北京经济学院出版社, 1989.

[4] Wiemer H, Drowatzky L, Ihlenfeldt S. Data mining methodology for engineering applications(DMME)—A holistic extension to the CRISP-DM Model[J]. Applied Sciences, 2019, 9(12): 2407.

[5] Zhuang K, Wu S, Gao X N. Auto insurance business analytics approach for customer segmentation using multiple mixed-type data clustering algorithms[J]. Technical Gazette, 2018, 25(6): 1783-1791.

[6] Hall M, Frank E, Holmes G, et al. The WEKA data mining software: An update[J]. SIGKDD Explorations, 2009, 11(1): 10-18.

[7] Berthold M. KNIME: Open for innovation[EB/OL]. https://www.knime.com/[2022-07-31].

[8] Guo Y Y, Liu J Y, Tang W W, et al. Exsense: Extract sensitive information from unstructured data[J]. Computers & Security, 2021, 102: 102156.

[9] Dong S, Wang P, Abbas K. A survey on deep learning and its applications[J]. Computer Science Review, 2021, 40: 100379.

[10] Yang L, Zhou J, Mei H Y, et al. A method of extracting the semi-structured data implication rules[J]. Procedia Computer Science, 2018, 131: 706-716.

[11] Lv F M, Liang T, Zhao J Y, et al. Latent Gaussian process for anomaly detection in categorical data[J]. Knowledge-Based Systems, 2021, 220: 106896.

[12] 武森, 汪玉枝, 高晓楠. 基于近邻的不均衡数据聚类算法[J]. 工程科学学报, 2020, 42(9): 1209-1219.

[13] D'Urso P, Massari R. Fuzzy clustering of mixed data[J]. Information Sciences, 2019, 505: 513-534.

[14] Angelov P P, Gu X. Deep rule-based classifier with human-level performance and characteristics[J]. Information Sciences, 2018, 463-464: 196-213.

[15] Czajkowski M, Kretowski M. Decision tree underfitting in mining of gene expression data: An evolutionary multi-test tree approach[J]. Expert Systems with Applications, 2019, 137: 392-404.

[16] Mao C S, Lu L J, Hu B. Local probabilistic model for Bayesian classification: A generalized local classification model[J]. Applied Soft Computing, 2020, 93: 106379.

[17] 徐剑, 王安迪, 毕猛, 等. 支持隐私保护的 k 近邻分类器[J]. 软件学报, 2019, 30(11): 3503-3517.

[18] Joaci J J M S, Backes A R, Bruno O M. Randomized neural network based descriptors for shape classification[J]. Neurocomputing, 2018, 312: 201-209.

[19] He K M, Zhang X Y, Ren S Q, et al. Deep residual learning for image recognition[C]. IEEE Conference on Computer Vision and Pattern Recognition, Las Vegas, 2016.

[20] Stanford Vision Lab, Stanford University, Princeton University. Imagenet[EB/OL]. https://image-net.org/[2022-07-31].

[21] 聂斌, 王曦, 胡雪. 非正态变异下的非线性轮廓异常点识别方法研究[J]. 运筹与管理, 2019, 28(1): 101-107.

[22] 郭崇慧, 赵作为. 基于客户行为的 4S 店客户细分及其变化挖掘[J]. 管理工程学报, 2015, 29(4): 18-26.

[23] 朱映秋, 张波. 基于已实现波动率的上证综指异常时序检测[J]. 系统工程理论与实践, 2021, 41(3): 625-635.

[24] 游丹丹, 陈福集. 我国网络舆情热点话题发现研究综述[J]. 现代情报, 2017, 37(3): 165-171.

[25] 武森, 高学东, 巴斯蒂安. 数据仓库与数据挖掘[M]. 北京: 冶金工业出版社, 2003.

[26] 曹颖赛, 刘思峰, 方志耕, 等. 基于案例学习的多层次聚类指标客观权重极大熵挖掘模型[J]. 中国管理科学, 2019, 27(2): 197-204.

[27] 陈晋音, 何辉豪, 杨东勇. 一种面向混合属性数据流的基于密度的聚类算法研究[J]. 小型微型计算机系统, 2016, 37(1): 43-47.

[28] Hireche C, Drias H, Moulai H. Grid based clustering for satisfiability solving[J]. Applied Soft Computing, 2020, 88: 106069.

[29] Bishop C. Pattern Recognition and Machine Learning[M]. New York: Springer Science, Business Media, 2006.

[30] 周志华. 机器学习[M]. 北京: 清华大学出版社, 2016.

[31] Huang Z X. A fast clustering algorithm to cluster very large categorical data sets in data mining[J]. Research Issues on Data Mining & Knowledge Discovery, 1998: 1-8.

[32] Kaufman L, Rousseeuw P J. Finding Groups in Data: An Introduction to Cluster Analysis[M]. New York: John Wiley & Sons, 1990.

[33] Ng R T, Han J W. Efficient and effective clustering methods for spatial data mining[C]. Proceedings of 20th International Conference on Very Large Data Bases, Santiago, 1994.

[34] Shi D, Zhu L, Li Y K, et al. Robust structured graph clustering[J]. IEEE Transactions on Neural Networks and Learning Systems, 2020, 31(11): 4424-4436.

[35] Bezdek J C. Pattern Recognition with Fuzzy Objective Function Algorithms[M]. New York: Plenum Press, 1981: 37-89.

[36] Zhang T, Ramakrishnan R, Livny M. BIRCH: An efficient data clustering method for very large databases[C]. Proceedings of the 1996 ACM SIGMOD International Conference on Management of Data, Montreal, 1996.

[37] Guha S, Rastogi R, Shim K. CURE: An efficient clustering algorithm for large databases[C].

Proceedings of the ACM SIGMOD Conference on Management of Data, Seattle, 1998.

[38] Guha S, Rastogi R, Shim K. ROCK: A robust clustering algorithm for categorical attributes[C]. Proceedings of the 15th IEEE International Conference on Data Engineering, Sydney, 1999.

[39] Karypis G, Han E H, Kumar V. CHAMELEON: A hierarchical clustering algorithm using dynamic modeling[J]. IEEE Computer, 1999, 32(8): 68-75.

[40] Ester M, Kriegek H P, Sander J, et al. A density-based algorithm for discovering clusters in large spatial databases with noise[C]. Proceeding of the 2nd International Conference on Knowledge Discovery and Data Mining, Portland, 1996.

[41] Sheikholeslami G, Chatterjee S, Zhang A D. Wavecluster: A multi-resolution clustering approach for very large spatial databases[C]. Proceedings of the 24th VLDB Conference, New York, 1998.

[42] Hinneburg A, Keim D A. An efficient approach to clustering in large multimedia databases with noise[C]. Proceedings of the Fourth International Conference on Knowledge Discovery and Data Mining, New York, 1998.

[43] Agrawal R, Gehrke J, Gunopulos D, et al. Automatic subspace clustering of high dimensional data for data mining applications[C]. Proceedings of the ACM SIGMOD Conference on Management of Data, Seattle, 1998.

[44] Ankerst M, Breunig M M, Kriegel H P, et al. OPTICS: Ordering points to identify the clustering structure[C]. Proceedings of the ACM SIGMOD International Conference on Management of Data, Philadephia, 1999.

[45] 赛斌, 曹自强, 谭跃进, 等.基于目标跟踪与轨迹聚类的行人移动数据挖掘方法研究[J].系统工程理论与实践, 2021, 41(1): 231-239.

[46] Rodrigurz A, Laion A. Clustering by fast search and find of density peaks[J]. Science, 2014, 344(6191): 1492-1496.

[47] 陈叶旺, 申莲莲, 钟才明, 等.密度峰值聚类算法综述[J].计算机研究与发展, 2020, 57(2): 378-394.

[48] Wang W, Yang J, Muntz R. STING: A statistical information grid approach to spatial data mining[C]. Proceedings of the 23rd VLDB Conference, Athens, 1997.

[49] Aggarwal C C, Procopiuc C, Wolf J L, et al. Fast algorithms for projected clustering[J]. ACM SIGMOD Record, 1999, 28(2): 61-72.

[50] Woo K G, Lee J H, Kim M H, et al. FINDIT: A fast and intelligent subspace clustering algorithm using dimension voting[J]. Information & Software Technology, 2004, 46(4): 255-271.

[51] Cheng C H, Fu A W, Zhang Y. Entropy-based subspace clustering for mining numerical data[C]. Proceedings of the 5th ACM SIGKDD International Conference on Knowledge Discovery and Data Mining, San Diego, 1999.

[52] Goil S, Nagesh H, Choudhary A. MAFIA: Efficient and scalable subspace clustering for very large data sets[C]. 1999 Center for Parallel and Distributed Computing, Eanston, 1999.

[53] Karypis G, Aggarwal R, Kumar V, et al. Multilevel hypergraph partitioning: Applications in VLSI domain[J]. IEEE Transactions on Very Large Scale Integration Systems, 1999, 7(1):

69-79.

[54] 武森, 高学东, 单志广.高维稀疏数据聚类知识发现理论[M].北京: 科学出版社, 2022.

[55] Wu S, Gao X D. CABOSFV algorithm for high dimensional sparse data clustering[J]. Journal of University of Science and Technology Beijing(English Edtion) , 2004, 11(3): 283-288.

[56] Dunn J. A fuzzy relative of the ISODATA process and its use in detecting compact well-separated clusters[J]. Journal of Cybernetics, 1973, 3(3): 32-57.

[57] Calinski T, Harabasz J. A dendrite method for cluster analysis[J]. Communications in Statistics, 1974, 3(1): 1-27.

[58] 刘燕驰, 高学东, 国宏伟, 等. 聚类有效性的组合评价方法[J]. 计算机工程与应用, 2011, 47(19): 15-17, 30.

[59] Davies D, Bouldin D. A cluster separation measure[J]. IEEE Transactions on Pattern Analysis and Machine Intelligence, 1979, 2: 224-227.

[60] Peter R J. Silhouettes: A graphical aid to the interpretation and validation of cluster analysis[J]. Journal of Computational & Applied Mathematics, 1987, 20: 53-65.

[61] Gao C, Pedrycz W, Miao D Q. Rough subspace-based clustering ensemble for categorical data[J]. Soft Computing, 2013, 17(9): 1643-1658.

[62] Chang C H, Ding Z K. Categorical data visualization and clustering using subjective factors[J]. Data and Knowledge Engineering, 2005, 53(3): 243-262.

[63] Barbara D, Couto J, Li Y. COOLCAT: An entropy-based algorithm for categorical clustering[C]. International Conference on Information and Knowledge Management, Milan, 2002.

[64] Gluck M. Information, uncertainty, and the utility of categories[C]. Annual Conference of the Cognitive Science Society, Irvine, 1985.

[65] Pierre M. Clustering techniques[J]. Future Generation Computer Systems, 1997, 13: 135-147.

[66] 塞松雷, 卢凯. 复杂异构数据的表征学习综述[J]. 计算机科学, 2020, 47(2): 1-9.

[67] Zhang W N, Du T M, Wang J. Deep learning over multi-field categorical data: A case study on user response prediction[C]. European Conference on Information Retrieval, Padua, 2016.

[68] Naomi A, Martin K. The curse(s) of dimensionality[J]. Nature Methods, 2018, 15(6): 399-400.

[69] Aizawa A. An information-theoretic perspective of tf-idf measures[J]. Information Processing & Management, 2003, 39(1): 45-65.

[70] Ahmad A, Dey L. A method to compute distance between two categorical values of same attribute in unsupervised learning for categorical data set[J]. Pattern Recognition Letters, 2006, 28(1): 110-118.

[71] Lenco D, Pensa R G, Meo R. From context to distance: Learning dissimilarity for categorical data clustering[J]. ACM Transactions on Knowledge Discovery from Data, 2012, 6(1): 1-25.

[72] Jia H, Cheung Y M, Liu J M. A new distance metric for unsupervised learning of categorical data[J]. IEEE Transactions on Neural Networks & Learning Systems, 2016, 27(5): 1065-1079.

[73] Jian S L, Pang G S, Cao L B, et al. CURE: Flexible categorical data representation by hierarchical coupling learning[J]. IEEE Transactions on Knowledge and Data Engineering, 2018, 14(8): 1-14.

[74] Xu X X, Li W, Xu D. Distance metric learning using privileged information for face

verification and person re-identification[J]. IEEE Transactions on Neural Networks and Learning Systems, 2015, 26(12): 3150-3162.

[75] Dong B, Jian S L, Zuo K. CDE++: Learning categorical data embedding by enhancing heterogeneous feature value coupling relationships[J]. Entropy, 2020, 22(4): 391.

[76] Goodfellow I, Bengio Y, Courville A. Deep Learning[M]. Massachusetts: The MIT Press, 2016.

[77] Zhu C Z, Cao L B, Yin J P. Unsupervised heterogeneous coupling learning for categorical representation[J]. IEEE Transactions on Pattern Analysis and Machine Intelligence, 2015, 14(8): 1-16.

[78] Song J L, Zhu C Z, Zhao W T, et al. Model-aware representation learning for categorical data with hierarchical couplings[C]. International Conference on Advanced Nanomaterials and Nanodevices, 26th International Conference on Artificial Neural Networks, Alghero, 2017.

[79] 李航. 统计学习方法[M]. 北京: 清华大学出版社, 2012.

[80] Zhang K, Wang Q J, Chen Z Z, et al. From categorical to numerical: Multiple transitive distance learning and embedding[C]. SIAM International Conference on Data Mining, Vancouver, 2015.

[81] Huang Z X, Ng M K. A fuzzy k-modes algorithm for clustering categorical data[J]. IEEE Transactions on Fuzzy Systems, 1999, 7(4): 446-452.

[82] Ng M K, Wong J C. Clustering categorical data sets using tabu search techniques[J]. Pattern Recognition, 2002, 35(12): 2783-2790.

[83] Kim D W, Lee K, Lee D, et al. A k-populations algorithm for clustering categorical data[J]. Pattern Recognition, 2005, 38(7): 1131-1134.

[84] Sangam R S, Om H. The k-modes algorithm with entropy based similarity coefficient[J]. Procedia Computer Science, 2015, 50: 93-98.

[85] 杨明瀚. 分类变量数据聚类内部评价及算法研究[D]. 北京: 北京科技大学, 2019.

[86] Cao F Y, Liang J Y, Bai L. A new initialization method for categorical data clustering[J]. Expert Systems with Applications, 2009, 36(7): 10223-10228.

[87] Chen L F, Wang S R, Wang K J, et al. Soft subspace clustering of categorical data with probabilistic distance[J]. Pattern Recognition, 2016, 51: 322-332.

[88] Parmar D, Wu T, Blackhurst J. MMR: An algorithm for clustering categorical data using rough set theory[J]. Data & Knowledge Engineering, 2007, 63(3): 879-893.

[89] Cao F Y, Liang J Y, Li D Y, et al. A dissimilarity measure for the k-modes clustering algorithm[J]. Knowledge-Based Systems, 2012, 26: 120-127.

[90] Ganti V, Gehrke J, Ramakrishnan R. CACTUS— Clustering categorical data using summaries[C]. ACM SIGKDD International Conference on Knowledge Discovery and Data Mining, San Diego, 1999.

[91] Yang Y L, Guan X D, You J Y. CLOPE: A fast and effective clustering algorithm for transactional data[C]. International Conference on Knowledge Discovery and Data Mining, Edmonton, 2002.

[92] 傅立伟. 基于属性值分布特征的分类数据和二值数据聚类研究[D]. 北京: 北京科技大学, 2019.

[93] Xiong T K, Wang S R, Mayers A, et al. A new MCA-based divisive hierarchical algorithm for

clustering categorical data[C]. IEEE International Conference on Data Mining, Miami Beach, 2009.

[94] Qin H W, Ma X Q, Herawan T, et al. MGR: An information theory based hierarchical divisive clustering algorithm for categorical data[J]. Knowledge-Based Systems, 2014, 67: 401-411.

[95] Wei W, Liang J Y, Guo X Y, et al. Hierarchical division clustering framework for categorical data[J]. Neurocomputing, 2019, 341: 118-134.

[96] Lei Y, Bezdek J C, Romano S, et al. Ground truth bias in external cluster validity indices[J]. Pattern Recognition, 2017, 65: 58-70.

[97] Arbelaitz O, Gurrutxaga I, Muguerza J, et al. An extensive comparative study of cluster validity indices[J]. Pattern Recognition, 2013, 46(1): 243-256.

[98] Liu Y C, Li Z M, Xiong H, et al. Understanding and enhancement of internal clustering validation measures[J]. IEEE Transactions on Systems, Man, and Cybernetics. Part B, Cybernetics: A Publication of the IEEE Systems, Man, and Cybernetics Society, 2012, 43(3): 982-994.

[99] Gao X N, Wu S. CUBOS: An internal cluster validity index for categorical data[J]. Technical Gazette, 2019, 26(2): 486-494.

[100] Gao X N, Wei G Y, Wu S, et al. Understanding the evaluation abilities of external cluster validity indices to internal ones[J]. Technical Gazette, 2020, 27(6): 1956-1964.

[101] Xie J, Xiong Z Y, Dai Q Z, et al. A new internal index based on density core for clustering validation[J]. Information Sciences, 2020, 506: 346-365.

[102] Hu L Y, Zhong C M. An internal validity index based on density-involved distance[J]. IEEE Access, 2019, 7: 40038-40051.

[103] 傅立伟, 武森.基于属性值集中度的分类数据聚类有效性内部评价指标[J].工程科学学报, 2019, 41(5): 682-693.

[104] Fu L W, Wu S. An internal clustering validation index for boolean data[J]. Cybernetics and Information Technologies, 2016, 16(6): 232-244.

[105] Cheng D D, Zhu Q S, Huang J L, et al. A novel cluster validity index based on local cores[J]. IEEE Transactions on Neural Networks and Learning Systems, 2018, 30(4): 985-999.

[106] Gao X D, Yang M H. Understanding and enhancement of internal clustering validation indexes for categorical data[J]. Algorithms, 2018, 11(11): 177.

[107] Kim B, Lee H, Kang P. Integrating cluster validity indices based on data envelopment analysis[J]. Applied Soft Computing, 2018, 64: 94-108.

[108] Zhao X W, Liang J Y, Dang C Y. Clustering ensemble selection for categorical data based on internal validity indices[J]. Pattern Recognition, 2017, 69: 150-168.

[109] Zhou S B, Xu Z Y, Liu F. Method for determining the optimal number of clusters based on agglomerative hierarchical clustering[J]. IEEE Transactions on Neural Networks and Learning Systems, 2017, 28(99): 3007-3017.

[110] Thomas J, Santos M, Mora M. New internal index for clustering validation based on graphs[J]. Expert Systems with Applications, 2017, 86: 334-349.

[111] Gurrutxaga I, Muguerza J, Arbelaitz O, et al. Towards a standard methodology to evaluate

internal cluster validity indices[J]. Pattern Recognition Letters, 2011, 32(3): 505-515.

[112] Hinton G E, Osindero S, Teh Y W. A fast learning algorithm for deep belief nets[J]. Neural Computation, 2006, 18(7): 1527-1554.

[113] LeCun Y, Bengio Y, Hinton G. Deep learning[J]. Nature, 2015, 521(7553): 436-444.

[114] 来杰, 王晓丹, 向前, 等. 自编码器及其应用综述[J]. 通信学报, 2021, 42(9): 218-230.

[115] Hasan M, Choi J, Neumann J, et al. Learning temporal regularity in video sequences[C]. IEEE Conference on Computer Vision and Pattern Recognition, Las Vegas, 2016.

[116] Rifai S, Vincent P, Muller X, et al. Contractive auto-encoders: Explicit invariance during feature extraction[C]. International Conference on Machine Learning, Bellevue, 2011.

[117] Vincent P, Larochelle H, Lajoie I, et al. Stacked denoising autoencoders: Learning useful representations in a deep network with a local denoising criterion[J]. Journal of Machine Learning Research, 2010, 11(12): 3371-3408.

[118] Liu J R, Wang S P, Yang W Y. Sparse autoencoder for social image understanding[J]. Neurocomputing, 2019, 369: 122-133.

[119] Chang J L, Wang L F, Meng G F, et al. Deep unsupervised learning with consistent inference of latent representations[J]. Pattern Recognition, 2018, 77: 438-453.

[120] Hinton G E, Salakhutdinov P R. Reducing the dimensionality of data with neural networks[J]. Science, 2006, 313(5786): 504-507.

[121] Kingma D P, Welling M. Auto-encoding variational Bayes[EB/OL]. https://arxiv.org/pdf/1312.6114.pdf[2023-06-19].

[122] Goodfellow I J, Pouget-Abadie J, Mirza M, et al. Generative adversarial nets[C]. International Conference on Neural Information Processing Systems, Cambridge, 2014.

[123] Lee H, Grosse R, Ranganath R, et al. Convolutional deep belief networks for scalable unsupervised learning of hierarchical representations[C]. International Conference on Machine Learning, New York, 2009.

[124] Salakhutdinov P R, Hinton G E. Deep Boltzmann machines[C]. International Conference on Articial Intelligence and Statistics, Clearwater Beach, 2009.

[125] Odena A, Olah C, Shlens J. Conditional image synthesis with auxiliary classier GANs[EB/OL]. https://arxiv.org/pdf/1610.09585v2.pdf[2023-06-19].

[126] Chen X, Duan Y, Houthooft R, et al. Infogan: Interpretable representation learning by information maximizing generative adversarial nets[C]. Conference on Neural Information Processing Systems, Barcelona, 2016.

[127] Warde-Farley D, Bengio Y. Improving generative adversarial networks with denoising feature matching[C]. International Conference on Learning Representations, Toulon, 2017.

[128] Zhao J B, Mathieu M, LeCun Y. Energy-based generative adversarial network[EB/OL]. https://arxiv.org/pdf/1609.03126.pdf[2023-06-19].

[129] Wu Z R, Xiong Y J, Yu S X, et al. Unsupervised feature learning via non-parametric instance discrimination[C]. IEEE/CVF Conference on Computer Vision and Pattern Recognition, Salt Lake City, 2018.

[130] Pathak D, Krahenbuhl P, Donahue J, et al. Context encoders: Feature learning by inpainting[C].

IEEE Conference on Computer Vision and Pattern Recognition(CVPR), Las Vegas, 2016.

[131] Zhang R, Isola P, Efros A A. Colorful image colorization[C]. European Conference on Computer Vision(ECCV), Amsterdam, 2016.

[132] Hershey J R, Chen Z, Roux J L, et al. Deep clustering: Discriminative embeddings for segmentation and separation[C]. IEEE International Conference on Acoustics, Speech and Signal Processing, Shanghai, 2016.

[133] Xie J Y, Girshick R, Farhadi A. Unsupervised deep embedding for clustering analysis[C]. International Conference on Machine Learning, New York, 2016.

[134] Aljalbout E, Golkov V, Siddiqui Y, et al. Clustering with deep learning: Taxonomy and new methods[C]. International Conference on Learning Representations, Vancouver, 2018.

[135] Min E, Guo X F, Liu Q, et al. A Survey of clustering with deep learning: From the perspective of network architecture[J]. IEEE Access, 2018, 6: 39501-39514.

[136] Yang B, Fu X, Sidiropoulos N D, et al. Towards k-means-friendly spaces: Simultaneous deep learning and clustering[C]. International Conference on Machine Learning, Sydney, 2017.

[137] Huang P H, Huang Y, Wang W, et al. Deep embedding network for clustering[C]. International Conference on Pattern Recognition, Stockholm, 2014.

[138] Pan J, Tong Z, Li H D, et al. Deep subspace clustering networks[C]. Conference on Neural Information Processing Systems, Long Beach, 2017.

[139] Chen D D, Lv J C, Yi Z. Unsupervised multi-manifold clustering by learning deep representation[C]. AAAI Conference on Artificial Intelligence, San Francisco, 2017.

[140] Dizaji K G, Herandi A, Deng C, et al. Deep clustering via joint convolutional sutoencoder embedding and relative entropy minimization[C]. IEEE International Conference on Computer Vision, Venice, 2017.

[141] Shah S A, Koltun V. Deep continuous clustering[EB/OL]. https://arxiv.org/pdf/1803.01449. pdf[2023-06-19].

[142] Chen G. Deep learning with nonparametric clustering[EB/OL]. https://arxiv.org/pdf/1501.03084. pdf[2023-06-19].

[143] Li F F, Qiao H, Zhang B. Discriminatively boosted image clustering with fully convolutional auto-encoders[J]. Pattern Recognition, 2017, 83: 161-173.

[144] Simonyan K, Zisserman A. Very deep convolutional networks for large-scale image recognition[C]. International Conference on Learning Representations, San Diego, 2015.

[145] Szegedy C, Vanhoucke V, Ioffe S, et al. Rethinking the inception architecture for computer vision[C]. IEEE Conference on Computer Vision and Pattern Recognition, Las Vegas, 2016.

[146] Hsu C C, Lin C W. CNN-based joint clustering and representation learning with feature drift compensation for large-scale image data[J]. IEEE Transactions on Multimedia, 2017, 20(2): 421-429.

[147] Hu W H, Miyato T, Tokui S, et al. Learning discrete representations via information maximizing self-augmented training[C]. International Conference on Machine Learning, Sydney, 2017.

[148] Yang J W, Parikh D, Batra D. Joint unsupervised learning of deep representations and image

clusters[C]. IEEE Conference on Computer Vision and Pattern Recognition, Las Vegas, 2016.

[149] Chang J L, Wang L F, Meng G F, et al. Deep adaptive image clustering[C]. IEEE International Conference on Computer Vision, Venice, 2017.

[150] Jiang Z X, Zheng Y, Tan H C, et al. Variational deep embedding: An unsupervised and generative approach to clustering[C]. International Joint Conference on Artificial Intelligence, Melbourne, 2016.

[151] Dilokthanakul N, Mediano P, Garnelo M, et al. Deep unsupervised clustering with Gaussian mixture variational autoencoders[C]. International Conference on Learning Representations, Toulon, 2017.

[152] Harchaoui W, Mattei P A, Bouveyron C. Deep adversarial Gaussian mixture auto-encoder for clustering[C]. International Conference on Learning Representations, Toulon, 2017.

[153] Wu Z H, Pan S R, Chen F W, et al. A comprehensive survey on graph neural networks[J]. IEEE Transactions on Neural Networks and Learning Systems, 2021, 32(1): 4-24.

[154] Hou M L, Ren J, Zhang D, et al. Network embedding: Taxonomies, frameworks and applications[J]. Computer Science Review, 2020, 38: 100296.

[155] 韩金, 张生太, 白少一.社交网络用户人格特质对社会资本积累的影响——基于微信的研究[J].管理评论, 2021, 33(2): 239-248.

[156] 李建华, 雒士源, 张建营, 等.基于功能网络信息传播预测疾病-miRNAs 的关联[J].东北大学学报, 2018, 39(3): 325-328, 344.

[157] 陈云伟. 引文网络演化研究进展分析[J]. 情报科学, 2016, 34(8): 171-176.

[158] Lyu Y, Yin P. Internet of Things transmission and network reliability in complex environment[J]. Computer Communications, 2020, 150: 757-763.

[159] Perozzi B, Al-Rfou R, Skiena S. Deepwalk: Online learning of social representations[C]. ACM SIGKDD Conference on Knowledge Discovery and Data Mining, New York, 2014.

[160] Grover A, Leskovec J. Node2vec: Scalable feature learning for networks[C]. ACM SIGKDD Conference on Knowledge Discovery and Data Mining, New York, 2016.

[161] Tang J, Qu M, Wang M Z, et al. LINE: Large-scale information network embedding[C]. International Conference on World Wide Web, Florence, 2015.

[162] Wang D X, Cui P, Zhu W W. Structural deep network embedding[C]. ACM SIGKDD Conference on Knowledge Discovery and Data Mining, New York, 2016.

[163] Cao S S, Lu W, Xu Q K. Deep neural networks for learning graph representations[C]. AAAI Conference on Artificial Intelligence, Phoenix, 2016.

[164] Tu C C, Zhang W C, Liu Z Y, et al. Max-margin deepwalk: Discriminative learning of network representation[C]. AAAI Conference on Artificial Intelligence, Phoenix, 2016.

[165] Le T M V, Lauw H W. Probabilistic latent document network embedding[C]. IEEE International Conference on Data Mining, Shenzhen, 2014.

[166] Yang C, Liu Z Y, Zhao D L, et al. Network representation learning with rich text information[C]. AAAI Conference on Artificial Intelligence, Austin, 2015.

[167] Sun X F, Guo J, Ding X, et al. A general framework for content-enhanced network representation learning[EB/OL]. https://arxiv.org/pdf/1610.02906.pdf[2023-06-19].

[168] Huang X, Li J D, Xia H. Label informed attributed network embedding[C]. ACM International Conference on Web Search and Data Mining, Cambridge, 2017.

[169] Bourigault S, Lagnier C, Lamprier S, et al. Learning social network embeddings for predicting information diffusion[C]. ACM International Conference on Web Search and Data Mining, New York, 2014.

[170] Hu R, Aggarwal C C, Shuai M, et al. An embedding approach to anomaly detection[C]. IEEE International Conference on Data Engineering, Helsinki, 2016.

[171] Man T, Shen H W, Liu S H, et al. Predict anchor links across social networks via an embedding approach[C]. International Joint Conference on Artificial Intelligence, New York, 2016.

[172] Bacciu D, Errica F, Micheli A, et al. A gentle introduction to deep learning for graphs[J]. Neural Networks, 2019, 129: 203-221.

[173] Hancock J T, Khoshgoftaar T M. Survey on categorical data for neural networks[J]. Journal of Big Data, 2020, 7: 28.

[174] Gao X N, Wu S, Zhou W J. NECA: Network-embedded deep representation learning for categorical data[EB/OL]. https://arxiv.org/pdf/2205.12752.pdf[2023-06-19].

[175] Inceu V V. Information theory: A tutorial introduction[J]. Computing Reviews, 2016, 57(5): 275.

[176] 高晓楠. 面向决策支持的分类属性数据深度无监督挖掘研究[D].北京: 北京科技大学, 2021.

[177] Maaten L, Hinton G. Visualizing data using t-SNE[J]. Journal of Machine Learning Research, 2008, 9: 2579-2605.

[178] Powers D. Evaluation: From precision, recall and F-measure to ROC, informedness, markedness and correlation[EB/OL]. https://arxiv.org/ftp/arxiv/papers/2010/2010.16016.pdf [2023-06-19].

[179] Xu C Y, Dai Y F, Lin R J, et al. Deep clustering by maximizing mutual information in variational auto-encoder[J]. Knowledge-Based Systems, 2020, 205: 106260.

[180] Bo D, Wang X, Shi C, et al. Structural deep clustering network[C]. International Conference of World Wide Web, Taibei, 2020.

[181] Vaswani A, Shazeer N, Parmar N, et al. Attention is all you need[C]. Conference and Workshop on Neural Information Processing Systems, Long Beach, 2017.

[182] Rahmani S, Khajehvand V, Torabian M. Kullback-Leibler distance criterion consolidation in cloud[J]. Journal of Network and Computer Applications, 2020, 170: 102789.

[183] Guo X F, Gao L, Liu X W, et al. Improved deep embedding clustering with local dtructure preservation[C]. International Joint Conference on Artificial Intelligence, Melbourne, 2017.

[184] Ng A, Jordan M, Weiss Y. On spectral clustering: Analysis and an algorithm[J]. Advances in Neural Information Processing Systems, 2002, 2: 849-856.

[185] Estévez P, Tesmer M, Perez C, et al. Normalized mutual information feature selection[J]. IEEE Transactions on Neural Networks, 2009, 20(2): 189-201.

[186] Hubert L, Arabie P. Comparing partitions[J]. Journal of Classification, 1985, 2(1): 193-218.

[187] Rand W. Objective criteria for the evaluation of clustering methods[J]. Journal of the American

Statistical association, 1971, 66(336): 846-850.

[188] Chen B G, Yin H T. Learning category distance metric for data clustering[J]. Neurocomputing, 2018, 306: 160-170.

[189] Goodall D. A new similarity index based on probability[J]. Biometrics, 1966, 22(4): 882-907.

[190] Baldi P, Brunak S, Chauvin Y, et al. Assessing the accuracy of prediction algorithms for classification: An overview[J]. Bioinformatics, 2000, 16(5): 412-424.

[191] Rijsbergen V C J. Foundation of evaluation[J]. Journal of Documentation, 1974, 30(4): 365-373.

[192] Ahmad A, Dey L. A k-mean clustering algorithm for mixed numeric and categorical data[J]. Data & Knowledge Engineering, 2007, 63(2): 503-527.

[193] Manning C, Raghavan P, Schütze H. Introduction to Information Retrieval[M]. Cambridge: Cambridge University Press, 2008.

[194] Xu H, Yu Z W, Yang J Y, et al. Dynamic talent flow analysis with deep sequence prediction modeling[J]. IEEE Transactions on Knowledge and Data Engineering, 2019, 31(10): 1926-1939.

[195] Qin C, Zhu H S, Xu T, et al. An enhanced neural network approach to person-job fit in talent recruitment[J]. ACM Transactions on Information Systems, 2020, 38(2): 15.

[196] Möbius. HR Analytics: Job Change of Data Scientists[EB/OL]. https://www.kaggle.com/datasets/arashnic/hr-analytics-job-change-of-data-scientists[2022-08-02].

索　引

B

C

D

F

K

Z

后　　记

　　本书针对无监督数据挖掘中的重要数据类型——分类属性数据，借鉴深度学习在非结构化数据和结构化的数值属性数据挖掘中的成功应用经验，探索解决分类属性数据在原始特征空间中无法反映具有不同现实含义的属性取值间关系问题，阐述分类属性数据深度无监督学习理论及决策应用。本书系列成果的研究工作得到了国家自然科学基金项目（No. 71971025、No. 71271027、No. 61832012）、国家社会科学基金重大项目（No. 22&ZD153）的支持，在此表示感谢！